엄마와 아이가 함께 편해지는

우리 아이 정리교육법

엄마와 아이가 함께 편해지는

우리 아이 정리교육법

정리 수납 어드바이저 **Emi**

즐거운상상

매트 안에는
책가방을 던져놔도 OK!

초등학교에 입학하기 전, 쌍둥이들과 함께 책가방 놓을 자리를 정했습니다. 하지만 실제로 초등학교 생활이 시작되니, 집에 돌아오자마자 책가방을 그 자리에 갖다 놓는 것이 그렇게 어려운지 하루는 소파에 휙, 또 하루는 복도에 휙, 그렇게 던져놓곤 했어요.

'엄마, 학교 갔다 오면 너무 힘들고요. 또 책가방이 무거우니까 그렇게 바로 갖다 놓지 못하겠어요'라는 아이들. 도대체 얼마나 무겁길래? 하고 아이들의 책가방을 들어보았다가 깜짝 놀랐어요. 정말 무거웠는데 5kg은 넘는 것 같았어요.

실제로 책가방을 어깨에 메고 집 안을 걸어 다녀보니 아이들의 행동이 이해되었습니다. 하지만 그렇다고 소파나 복도에 그냥 던져두면 다른 가족이 불편하지요. '그럼, 어떻게 하는 것이 좋을까?' 아이들에게 물어보았습니다. 그랬더니 방과 후에 운동장에서 놀 때 '초록 매트'라고 불리는 인조 잔디 위에 책가방을 두어도 된다는 규칙이 있다면서 집에서도 그렇게 해보자고 하더라고요.

그래서 집에서도 초록색 러그 안에 책가방을 던져놔도 괜찮다는 규칙을 정했습니다. 이 러그도 학교와 똑같이 '초록 매트'라고 부르기로 했어요. 그리고 다음 날 학교 갈 준비를 전부 마치면 자기 전까지는 책가방 자리에 갖다 놓는 것으로 정했습니다.

이 규칙은 어른의 '책가방이 아무 데나 던져져 있어서 걸리적거려'와 아이의 '나도 모르게 아무 데나 던져놓게 돼'를 모두 해결해주었습니다. '아이들을 혼내지 않고 시스템을 바꿔나간다'. 그것도 아이들과 함께 고민하고 아이디어를 내서. 단지 기계적으로 정리를 잘하는 아이로 키우려는 것이 아닙니다. 스스로 규칙을 만들 수 있는 그런 아이로 자랐으면 좋겠습니다. 이것이 '우리집 정리 교육'의 목적입니다.

책가방은 부모라도 함부로 열어보지 않습니다

초등학교 입학할 때 사는 첫 책가방. 아이가 처음으로 갖게 되는 비싼 가방입니다. 소중하게 사용하면 좋겠습니다. 아이가 자기 물건이라는 것을 확실히 인식할 수 있도록 아이 허락 없이는 책가방을 열지 않기로 정했습니다. 어른도 누가 자기 가방을 슬금슬금 만지면 기분이 나쁘잖아요.

만약 마음대로 책가방을 열고 아이들의 프린트나 도시락통을 꺼낸다면 그런 일들을 '어차피 엄마가 해주는 것'이라고 생각하게 될 것 같았습니다.

건망증 없는 아이로 키우려는 것이 아니라 '스스로 생각해서 행동하는 아이'로 키우고 싶습니다. 곤란한 일이 생겼을 때, 스스로 해결 방법을 고민할 수 있다면 최고가 아닐까요? 그런 육아를 하고 싶습니다.

'물통은 깨끗한가?', '안내문은 꺼내두었나?' 사실 이제까지 책가방을 열고 싶은 유혹이 없었던 것은 아닙니다. (웃음) 책가방을 마음대로 열지 않는다는 것은 어쩌면 '아이를 믿고 기다린다'라는 하나의 표시인지도 모릅니다.

중요한 것은 '나는 이것이 좋다!'라는 마음

아이들의 책상과 책꽂이 위에는 자기들이 정말 좋아하는 것이 있습니다. 아들은 축구 트로피와 방패. 딸은 자기가 만든 작품과 분홍색 시계. 아이들을 키우면서 소중하게 생각하는 것은 아이들에게 '내가 좋아하는 것!'을 찾아주는 것.

그냥 깔끔하게 정리만 잘하는 아이가 아니라 '기분이 좋아지는 규칙'을 스스로 발견할 수 있는 아이로 키우고 싶습니다.

어른인 제가 보기에는 조금 더 깔끔하게 치우면 좋겠는데? 이건 여기에 안 어울리는 것 같은데? 여러 가지 참견하고 싶지만, 이곳은 아이가 공부하고 노는 곳. 중요한 것은 아이의 마음이라고 생각합니다.

'우리 가족에게 딱 어울리는 생활을 발견한다'를 모토로 저를 포함한 10명의 워킹맘이 생활 정보를 알리고 온라인숍을 운영하는 OURHOME의 대표이며 정리 수납 어드바이저인 Emi입니다.

여러분 덕분에 좋은 반응을 얻은《정리교육, 지금 시작합니다》의 출간 후, 약 4년이 흘러 우리집 쌍둥이도 초등학교 3학년이 되었습니다. 자신이 '좋아하는 것'을 찾는 것이 가장 중요하다고 생각해왔지요.

그런데 막상 초등학교 입학 전날, 아들이 내일부터 매일 축구복을 입고 학교에 가겠다고 하자 놀라서 말렸어요. 처음 초등학교에 가서 새로운 선생님, 친구들과 만나는데 이른바 '보통' 옷을 입고 가는 것이 좋지 않을까? 저도 모르게 그런 생각이 들었습니다. 하지만 '아이가 좋아하는 옷을 입고 가도록 해 주자'라는 남편의 말을 듣고 크게 반성했어요.

결국, 아들은 전신 축구복(반스타킹까지 완벽하게 신고!) 차림으로 등교했습니다. 등교 첫날, 고학년 형들이 '같이 축구하자!'고 해줘서 정말 기분이 좋았다는 아들. 역시 옷은 자신의 정체성을 표현하는 것이지요. 아이가 '좋아하는 마음'이 중요하다고 느낀 순간이었습니다.

부모는 자기도 모르게 '이런 옷을 입고 가면 사람들이 이상하게 보지 않을까?' '코디가 안 맞아.'라고 앞서 말해주려고 합니다. 하지만 창피한 것은 누구인가요? '아이가 부끄러운 기분을 느끼지 않기를 바라니까'라고 하지만 사실은 엄마 자신이 이상하게 생각될까봐 걱정하는 게 아닌가요? 다른 사람들에게 엄마 노릇을 제대로 하는 것처럼 보이고 싶은 속마음이 있지 않은가요? 물론 저도 그런 마음이 생길 때가 있습니다.

결국 아들은 그날부터 매일 축구복을 입고 등교 중. 언젠가 스스로 갑자기 부끄러움을 느끼는 날이 올 수도 있고, 6학년까지 쭉 축구복 등교를 할지도 모르겠습니다. 어느 쪽이든 자신의 마음을 소중하게 생각한다면 그것으로 괜찮다고 생각합니다.

정리도 생활도 마찬가지. 부모가 '이렇게 해'라고 지시한 것을 지키는 게 중요한 것이 아니라 스스로 깨닫고 고민해서 행동하는 힘을 갖는 것이 중요합니다. 12번째로 펴내는 이 책에는 초등학교 3학년 쌍둥이의 리얼한 생활을 썼습니다.

"얘들아, 빨리 빨리! 학교 갈 시간이야!"

아이들에게 큰소리를 내고 재촉하기 전에 아이들과 함께 이 책을 읽어보세요. 매일 순조롭게 흘러가는 생활 시스템을 만드는 데 도움이 되기를 바랍니다.

Emi

Contents

Chapter 2

공부 공간 정리법

Chapter 3

방학을 보내는 법

Chapter 4

옷장 정리법

Chapter 5

장난감 정리법

Chapter 6

엄마들의 고민 Q&A

우리집 도면

3LDK(방 3개, 거실, 주방) 80㎡에서 남편과 초등학교 3학년 쌍둥이인 4인 가족이 삽니다.
아이들의 성장에 맞게 다용도로 쓸 수 있는 가구를 활용하고 있습니다.

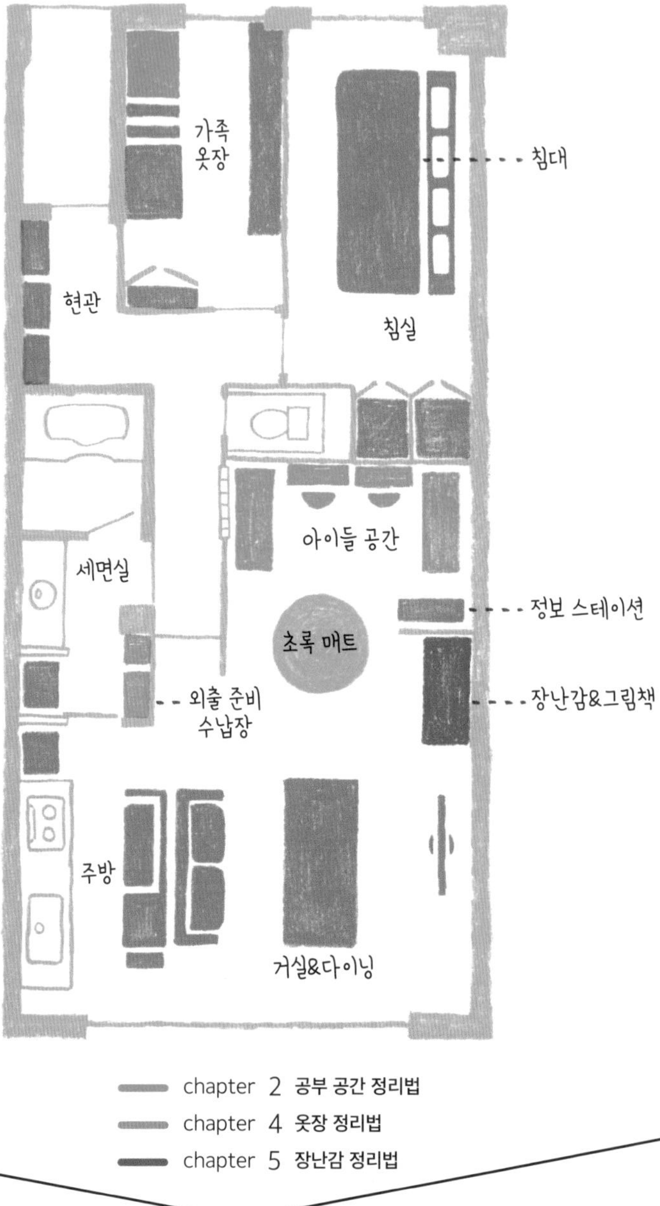

Chapter 1

우리집 아이들의 하루

초등학교 3학년인 우리집 쌍둥이
아이들의 하루를 보여드립니다!

아이의 속마음

띠띠띠띠띠, 띠띠띠띠띠!
매일 아침 6시에 알람시계가 울려요.
제가 아침에 잘 일어나지 못해 엄마와 함께 알람시계를 사러 갔어요. 가서 이 시계를 골랐지요. 가끔은 깼다가 다시 잠들어 버리기도 한답니다.

안녕히 주무셨어요?

06 : 00

아이와 함께 알람시계를 사러 갔어요

어린이집에 다니던 시절엔 저보다 더 일찍 일어나는 날이 많았던 아이들. 그런데 초등학생이 되니 학원과 학교 생활이 피곤했는지 아침 6시에 일어나는 것을 힘들어하기 시작했어요. (특히 아들!)

어떻게 하면 좋겠냐고 물어보니 알람시계를 갖고 싶다고 했습니다. 생각해보니 지금까지 알람은 제 스마트폰뿐이었습니다. 제가 꺼버리면 그것으로 끝이기 때문에 아이들이 일어나는 것이 힘들 수밖에 없다는 생각이 들었습니다. 함께 가서 알람시계를 샀더니 시간에 맞춰 제법 잘 일어나고 있습니다.

빨래를 개는 것이 싫어졌다면?

아침이면 제가 다 마른 빨래를 걷어 바구니에 넣어둡니다. 그리고 아이들이 자기 빨래를 직접 갭니다. 그 다음 어린이집으로 출발하는 것이 우리집 아침 루틴이었습니다.

하지만 초등학생이 되더니 감정의 기복이 생기기 시작했습니다. 그래도 예상했던 범위 안이라 다행(웃음).

매일 어떤 일을 하는 것 자체가 중요한 것이 아닙니다. 하기 싫은 마음이 생겼을 때, 스스로 방법을 고민해보고 적용할 수 있는 힘을 기르는 것이 중요하다고 생각합니다.

그 결과, 아들은 화, 목은 빨래를 개지 않는 날로 정했고 딸은 3일에 한 번 개는 것으로 스스로 규칙을 정했어요. 그래도 괜찮습니다. 단, 세탁물이 바구니에 쌓였다는 것을 금방 인식할 수 있도록 얕은 바구니를 골랐습니다.

아들은 서랍을 전부 열어놓은 다음, 개면서 바로 수납하는 시간 단축 기술을 고안해낸 것 같아요(웃음).
(외출 준비 수납장 P.84로)

아이의 속마음

어린이집에 다닐 때부터 지금까지 내 옷은 내가 개고 있어요.
하지만 요즘은 매일 하는 것이 조금 지겨워졌어요. 그래서 3일에 한 번 정도, 바구니가 가득 차면 개는 것으로 방법을 바꿨답니다.

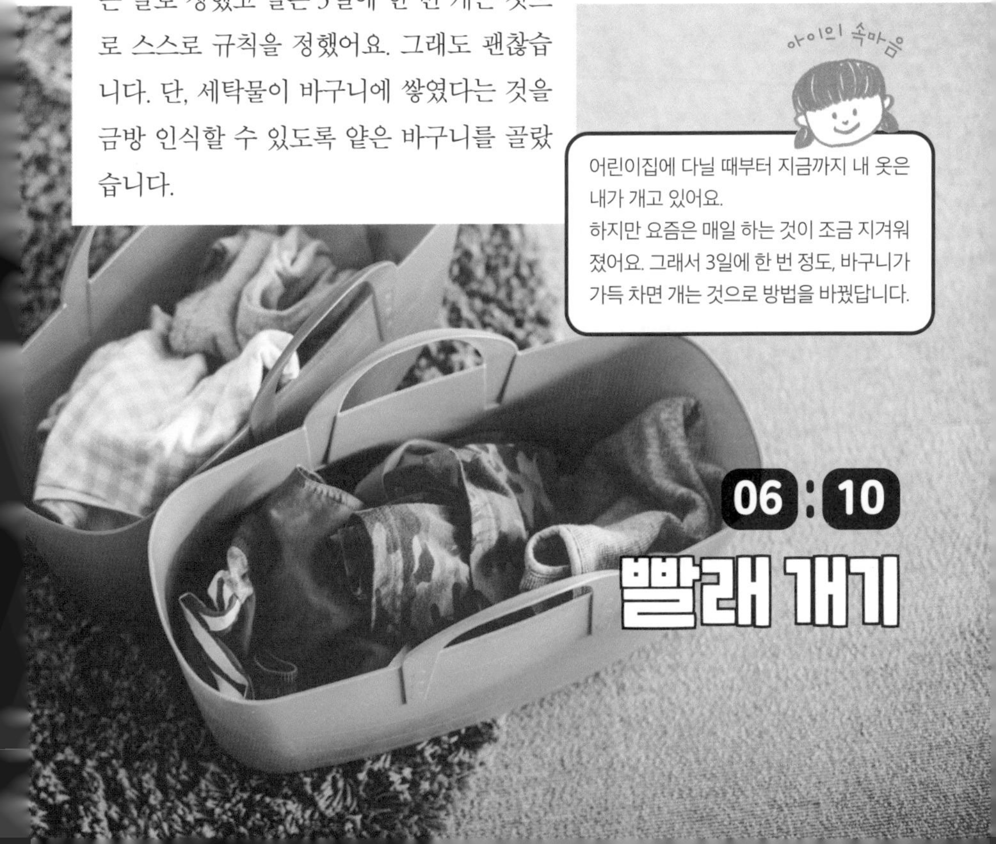

06 : 10 빨래 개기

참견하고 싶어도 꾹 참습니다

사실 이번 원고를 쓰면서 딸이 아침에 어둑어둑한 방에서 알림장을 체크하는 이유를 드디어 알았습니다. 그날 하루의 일정을 미리 체크해서 자신에게 편한 옷을 고르는 것. 이것은 어른이 되어도 무척 중요한 습관입니다. 어린이집 시절부터 아이들이 고른 옷에 대해 잔소리하지 않았는데 참 잘한 일이었다는 생각이 들었습니다.

아이의 속마음

아침에 일어나자마자 알림장을 펼쳐 봐요.
시간표를 확인해서 만들기나 미술이 들어있는 날이면 옷이 더러워질 수 있으니까 짙은 컬러의 옷을 골라요.
미술 수업이 없으면 다른 색 옷을 입고 가고 싶어서 미리 체크하고 있어요.

공부 공간은 P.40으로

옷 갈아입기

06 : 30

가족 옷장은 P.81에.

아이의 속마음

1학년 때는 캐릭터나 귀여운 토끼! 처럼 색깔이랑 무늬가 있는 것을 좋아했어요. 하지만 요즘은 고학년 언니들이 멋져 보여요. 그래서 저도 심플한 옷을 좋아하게 되었어요.

입을 옷은 스스로 고릅니다

심플한 것을 좋아하는 제가 보기엔 '그건 좀….'이라는 생각이 드는 옷도 있어요. 하지만 딸의 취향을 우선으로 생각해왔습니다. 화려한 색이나 무늬를 좋아하던 시기를 거쳐서 3학년이 되더니 갑자기 심플한 것을 좋아하게 되었어요. 다시 바뀔 수도 있지만 스스로 '이게 좋아!'라는 마음이 가장 중요!

건조기에 넣을 수 없는 소재의 옷을 고르는 경우도 많아져서 딸아이의 옷은 가족 옷장에 수납합니다. 입고 싶은 옷을 고르러 가는 즐거움에 거실에서 먼 옷장까지의 동선도 힘들어하지 않는 것 같습니다.

우리 가족은 각자 좋아하는 것으로 아침을 먹습니다. 아빠와 저는 밥. 엄마와 여동생은 빵. 좋아하는 것을 먹고 오늘 하루도 힘차게 보내자! 라고 엄마가 늘 말씀하세요.

아침 식사

06 : 40

아이가 쓰기 편하게 수납해두면 스스로 집안일을 돕습니다

초등학생이 된 후로는 '엄마 식빵도 구워줄래?'라고 부탁하면 제 것까지 함께 구워줄 정도가 되었습니다. 바쁜 아침 시간에 정말 큰 도움이 됩니다. 그러기 위해 아이가 꺼내기 쉬운 위치에 빵과 그릇을 둡니다. 아이들이 사용하기 편하게 수납할 방법을 늘 고민합니다.

세상 돌아가는 것을 가르치는 것도 부모의 중요한 역할

아침에는 늘 좋은 뉴스와 나쁜 뉴스가 흘러나오지요.

아이들과 함께 텔레비전 뉴스를 시청하고 있습니다. 이 세상에는 항상 좋은 일만 일어나는 것이 아니라는 것을 알려주고 싶기 때문입니다. 궁금한 것이나 걱정되는 일을 가족이 함께 이야기할 기회가 됩니다.

아이의 속마음

어렸을 때부터 우리집 텔레비전에서는 아침 뉴스가 나옵니다. 날씨를 확인하기도 하고 제가 좋아하는 축구 시합 결과를 보기도 하지요. 뉴스를 보다가 모르는 것이 나오면 아빠나 엄마께 '저게 무슨 말이에요?' 하고 여쭤봅니다.

뉴스 보기

06:50

한자리에 앉아 집중하는 습관을 길러주고 싶어요

앉아서 집중하는 습관을 길러주고 싶어서 매일 아침 공부 시간을 만들었지요. 7살이 끝나갈 무렵부터 시작했어요. 처음에는 그림 그리기든 색칠 공부든 OK! 지금은 숙제와는 별개로 학교에서 받은 학습지를 복습하거나 100칸 계산 등 그때그때 필요한 것을 하고 있어요. 의욕이 넘칠 때도 있고 하기 싫어서 몸을 배배 꼬는 날도 있지만요(웃음).

지금은 주말과 월요일을 뺀 화요일부터 금요일까지만 공부 시간을 갖습니다. 주말 동안 축구나 놀이로 피곤하니까 월요일에는 공부 시간이 없었으면 좋겠다는 아이들의 의견이 통과되었거든요.

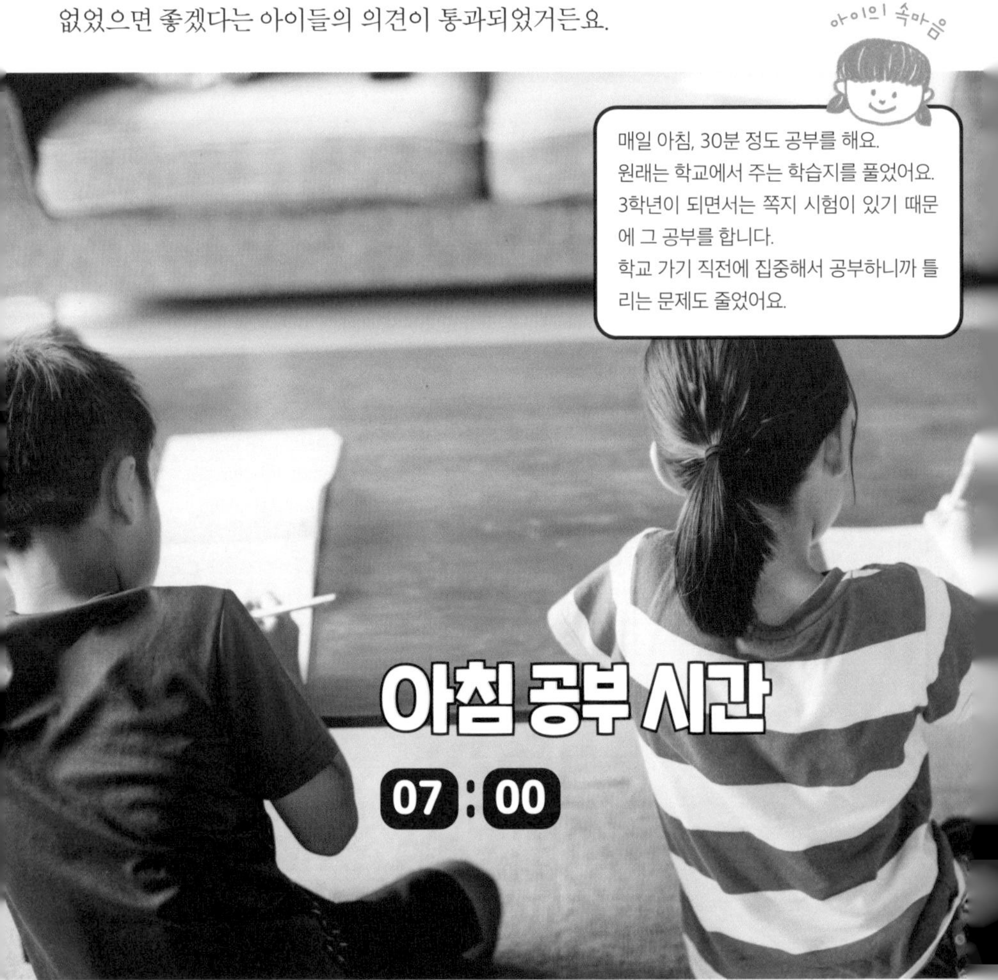

아이의 속마음

띠리리리 띠리리리
출발 3분 전이면 엄마의 스마트폰 알람이 울려요. 이 소리가 들리면 책가방을 멘 다음, 모자를 씁니다. 학교 갈 준비 완료!

다녀오겠습니다

07 : 27

'빨리 빨리해!'라고 재촉할 필요 없는 3분 전 알람

'애들아, 빨리 빨리! 학교 갈 시간이야!'라는 말을 하고 싶지 않아서 출발 3분 전에 알람을 맞춰두기 시작했어요. 제가 말하지 않아도 나갈 시간을 알 수 있는 시스템입니다.

언젠가는 이 알람 소리가 없어도 아이들이 스스로 시간을 확인해서 출발하는 것이 목표. 4학년 때쯤에는 그렇게 되면 좋겠어요.

가족 모두가 편해지는 책가방 수납 규칙

'초록 매트(P.4 참조)에는 책가방을 던져둬도 OK!'라는 규칙을 만든 후부터 아이들은 물론, 부모인 저희의 마음까지 편해졌어요. 집에 오자마자 무거운 책가방을 수납장에 완벽하게 정리하고 정돈하는 것은 어려운 일입니다.

하지만 그렇다고 해서 집안 아무 데나 던져두면 다른 가족이 불편해집니다. 그래서 적당한 선을 정했어요. 아이들은 집에 돌아와서 이곳에 책가방을 내려놓는 순간, 마음이 푹 놓이면서 '드디어 집에 왔다!'라는 생각이 든다고 합니다.

다녀왔습니다! 집에 돌아오면 '초록 매트'에 책가방을 탁 내려놓습니다.
1학년 때는 소파 위에 던져두기도 했지만, 엄마와 함께 '학교 갔다 오면 책가방을 초록 매트 안에 놓는다!'라고 정했어요.

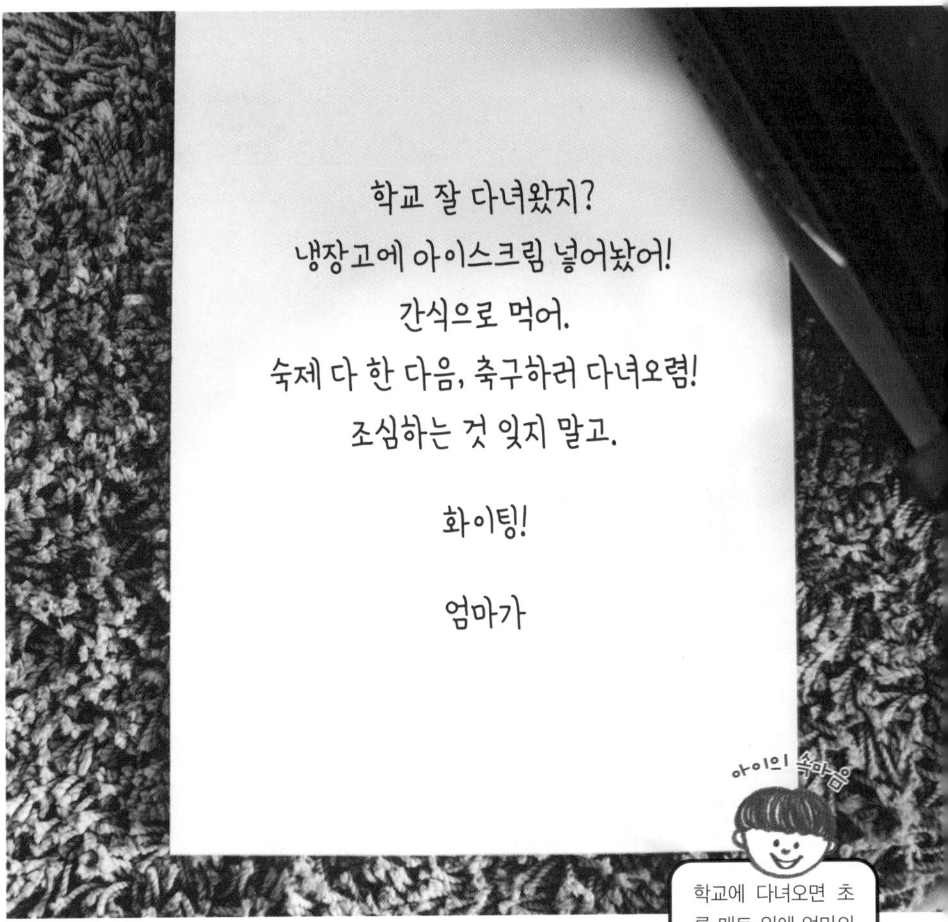

학교에 다녀오면 초록 매트 위에 엄마의 편지가 놓여 있을 때가 많아요. 편지가 있는 날은 저도 모르게 신이 난답니다.

아이와 함께하는 시간이 부족하지만 늘 소통을 고민합니다

아이들은 학교가 끝나면 돌봄 교실로 바로 가거나 일단 집에 왔다가 학원에 갑니다. 워킹맘인 저는 집에서 아이들을 반갑게 맞이해줄 수 없기 때문에 가능한 편지를 써놓습니다. 이면지에 짧게 적는 것이지만 편지가 있는 것과 없는 것은 아이들 마음에 큰 차이가 있나 봅니다. 가끔 아이들이 답장을 쓰기도 하지요. 아직 귀여운 초등학교 3학년입니다.

숙제 하기

16 : 30

아이의 속마음

돌봄교실에 가는 날은 거기서 숙제를 하지만 그렇지 않은 날엔 집에서 숙제해요. 모르는 게 있을 때는 쌍둥이니까 서로 가르쳐 주죠. 하지만 결국은 싸움으로 끝난답니다.

가능한 부모가 앞질러 가지 않으려고 노력합니다

평일 숙제는 양이 그다지 많지 않기 때문에 저희가 회사에서 돌아오면 책 읽기만 남아있는 정도입니다. 사실 세세한 부분까지 확인할 여유가 없기 때문에 너무 대충하지 않는 한, 아이들 스스로에게 맡기고 있어요.

상대의 기분을 배려하면서 행동하는 사람이 되기를

쌍둥이의 알림장과 숙제를 점검하다 보면 사인을 해야 할 곳이 여러 군데입니다. 그때마다 제가 여러 권의 노트를 각각 펼쳐서 점검하는 것은 힘들기 때문에 확인해야 할 페이지를 펼친 다음, 노트를 겹친 상태로 식탁에 올려놓으라고 했습니다.

이런 사소한 마음가짐이 선생님이 보시기 편하게 프린트의 방향을 맞춰서 제출한다든지, 화장실 슬리퍼를 다른 가족이 신기 편한 방향으로 정돈하는 배려로 이어진다고 생각합니다.

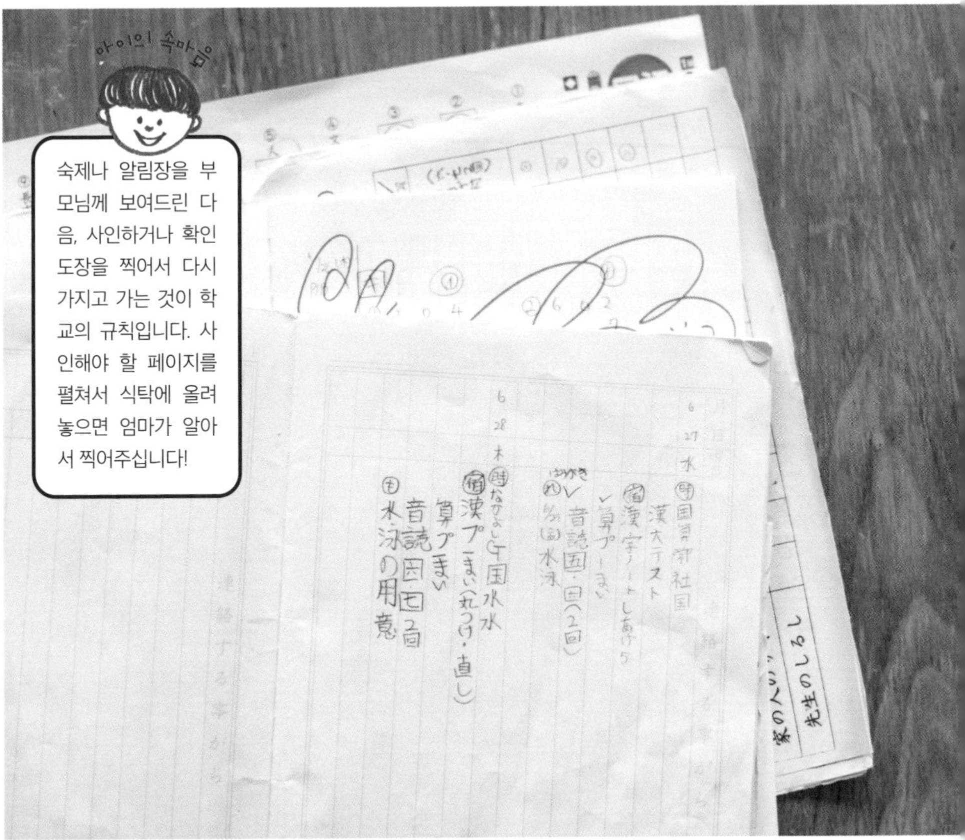

책가방을 제자리에

아이의 속마음

다음날 시간표대로 책가방을 챙겼으면 '초록 매트'에 있던 책가방을 수납장에 가져다 넣습니다. 저는 바로 하는 편이지만 여동생은 자기 전에 정리하는 스타일입니다.

하고 싶은 타이밍에도 아이들의 개성이 있어요

아무리 쌍둥이라지만 아이의 성격에 따라서 하고 싶은 타이밍은 다른 것이 당연. 전에는 '같은 타이밍에 빨리 해버리는 것이 편한데 왜 저럴까' 하는 답답한 마음이 있었어요.

하지만 지금은 내일을 기분 좋게 맞이할 수 있다면 빨리 하든, 늦게 하든 자기가 하고 싶은 타이밍에 하면 된다고 생각합니다.

책가방은 던져져 있지만 '초록 매트' 안에 있기 때문에 제 기분도 OK!

목욕 시간

18 : 00

'다녀왔습니다.'
학원에 다녀오거나 공원에서 놀다가 돌아오면 바로 목욕! 어렸을 때부터 집에 오자마자 목욕을 했는데 그렇게 하는 것이 나중에 편하고 기분도 좋아서 계속 하고 있어요.

저녁 식사 전에 목욕하는 습관

어렸을 때부터 습관이 되어 다행이라고 생각하는 것 중 하나가 목욕탕에 들어가는 타이밍. 목욕, 식사, 재우기 등 해야 할 일이 산더미 같았던 어린이집 시절의 힘들었던 쌍둥이 육아. 그런 상황에서 목욕이라는 큰 산 하나를 이미 넘었다는 것이 얼마나 마음에 큰 위안이 되었던지요.

지금은 저희가 집에 돌아오기 전에 목욕까지 마무리하고 기다릴 만큼 자란 아이들. 이를 위해 아침에 욕실 타이머를 예약해두고 갑니다.

아이들의 집안일 참여도 적당한 타이밍에

어린이집에 다닐 때는 저녁 식사를 아이들과 함께 만들었지만, 최근엔 아이들도 학원에 다니기 때문에 바빠졌습니다. 그래서 함께 만드는 빈도가 일주일에 한 번 될까 말까 해요. 하지만 지금은 이 정도로 충분하다고 생각합니다. 하고 싶은 타이밍이 가장 중요하니까요.

마음이 내킬 때는 '무슨 일이든 시켜주세요!', '점장님, 이렇게 자르면 될까요?'라고 다가와서 음식점 스타일로 식사 준비를 해요(웃음).

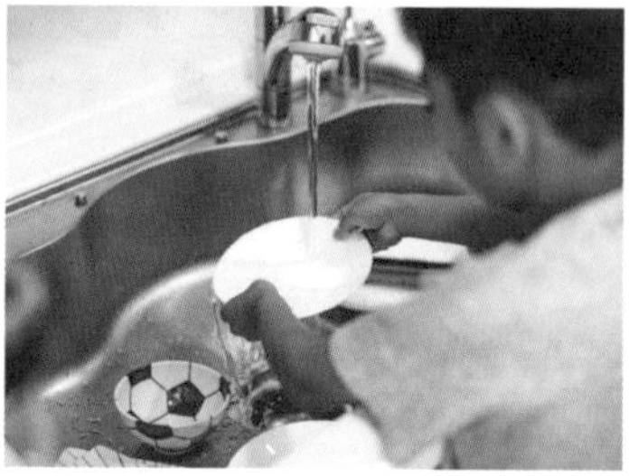

식사가 끝나면 그릇을 싱크대에 넣고
물로 한 번 씻어내는 것까지 아이들이 담당.

놀이 시간

19 : 30

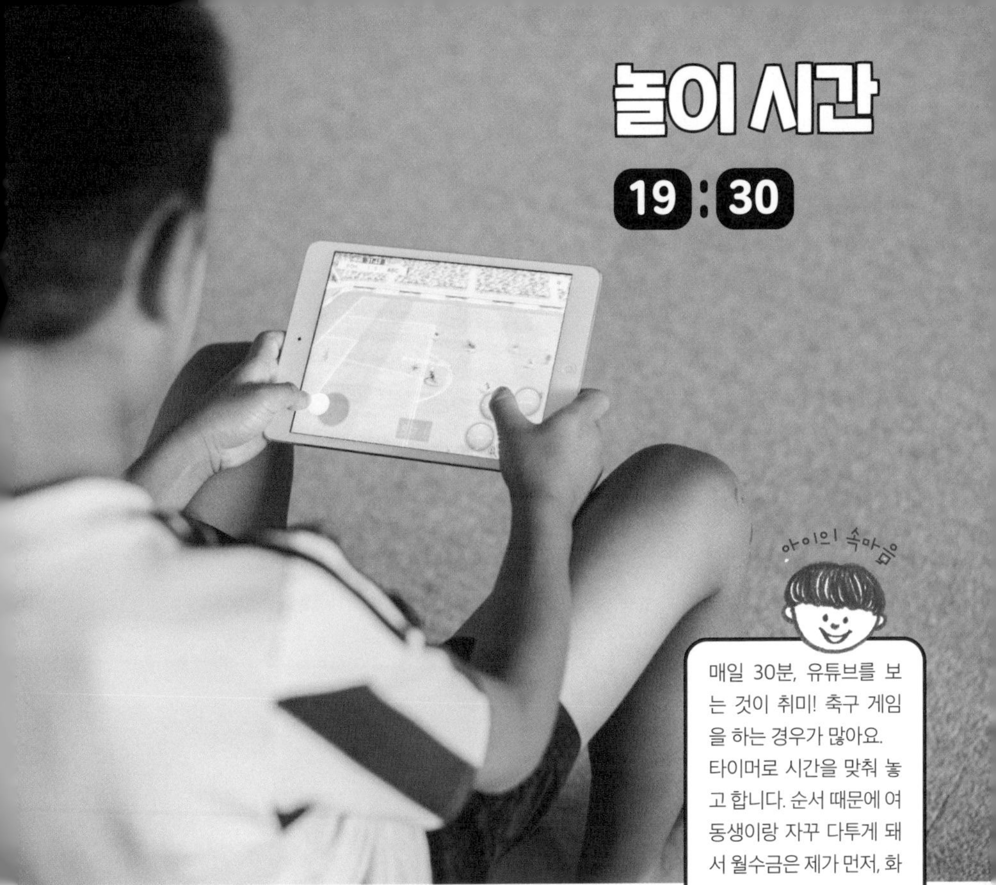

매일 30분, 유튜브를 보는 것이 취미! 축구 게임을 하는 경우가 많아요. 타이머로 시간을 맞춰 놓고 합니다. 순서 때문에 여동생이랑 자꾸 다투게 돼서 월수금은 제가 먼저, 화목토는 동생이 먼저 하기로 정했어요.

유튜브와 게임을 대하는 자세

전에는 스마트폰과 게임에는 왠지 모르게 거부감이 들어서 아이들이 가능한 하지 않으면 좋겠다고 생각했습니다. 하지만 지금은 어떻게 사용하느냐에 따라서 부모가 알려줄 수 없는 것을 가르쳐주는 선생님이 될 수도 있다고 생각합니다. 아들은 축구 전술을, 딸은 액세서리 만드는 법 등을 유튜브를 보고 배웁니다.

인터넷 이외의 시간은 아빠와 장기를 두거나 무언가를 만드는 시간!

30분이라는 제한 시간은 남편이 정했는데 아이들이 각자 어떤 이유로 더 보고 싶다고 우리를 설득하기 전까지는 이대로 하기로 했어요. 무조건 규칙을 지키는 것이 전부가 아니라 자신이 원하는 것을 효과적으로 전달해서 타인을 납득시킬 수 있는 아이들로 자라기를 바랍니다.

매일 9시쯤이면 잠이 솔솔 와요.
가족 모두가 한 방에서 같이 잡니다.
요즘 제 방이 있었으면 좋겠다는 생각이 가끔 들지만 아직 혼자 자는 것은 쓸쓸할 것 같아요.

안녕히 주무세요

21 : 00

자연스럽게 잠자리에 들기 위한 아이디어

오후 8시쯤부터 집안의 밝은 전등을 조금씩 꺼나갑니다. 잠들기 위해 집안을 톤다운 시키는 것이지요. 침대에 들어가면 모두가 바로 잠들어버려서 침실 전등은 거의 켠 적이 없어요. 내일도 또 즐거운 하루가 될 수 있기를.

Chapter 2

공부 공간 정리법

공부 책상은 어떻게 정리할까?
책가방은 어디에 놓으면 좋을까?
시행 착오를 겪으며 만든
'우리집 공부 공간 정리법'을 소개합니다.

Plenty Box

つくったもの
Party Box

공부 공간의

우리집 규칙

1

책상이나 선반에 두는 물건은 자기 취향대로!

처음에 책상은 공부하는 곳이니까 위에 아무것도 놓지 않는 것이 좋다고 알려주었습니다. 하지만 각자 자기가 좋아하는 물건으로 장식하기 시작한 쌍둥이.
좋아하는 것이 눈앞에 있으면 기분이 좋아진다는 아이들의 말에 수긍, OK하기로.

2

부모 마음대로 책상을 건드리지 않는다

책가방과 마찬가지로 아이의 책상도 스스로 소중하게 관리하길 바라기 때문에 제가 마음대로 건드리지 않습니다.

3

학기 말에 책상과 가진 물건을 재검토

긴 방학이 시작되는 학기 말에, 책상 서랍과 선반의 내용물을 함께 점검하고 있습니다. 검토하는 김에 걸레질까지 하면 기분도 개운!

아이들의 공부 공간

공부 책상

아들 편@초3

조명
쉽게 끄고 켤 수 있는 상부 버튼 타입으로 선택했어요.

문구류
서랍 속 정리는 본인에게 맡깁니다. 한 칸에 한 종류만 넣기

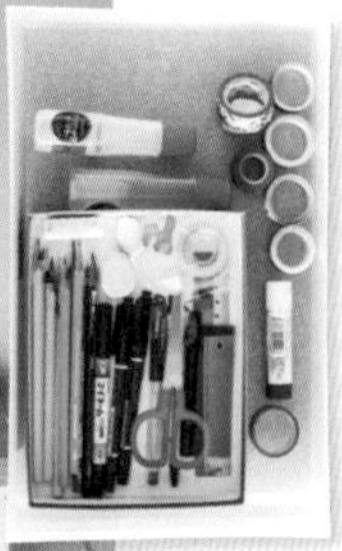

책상 위에는 좋아하는 축구와 관련된 것을 올려놓았습니다.

학습지류
아들은 이곳에 집에서 푸는 학습지를 넣어두는 것을 좋아해요.

의자
의자는 4살 생일에 구입. 식탁 의자로 1년 정도 사용한 후, 해체해서 옷장에 보관해두었다가 꺼냈어요. 사이즈 조절이 가능한 의자입니다.

서랍
무인양품의 깊이가 다른 서랍을 조합해서 사용. 앞면에 흰 종이를 넣었습니다. (폴리프로필렌 케이스 서랍식/슬림형/얕은형/무인양품)

소중한 것
용돈 지갑은 여기에.

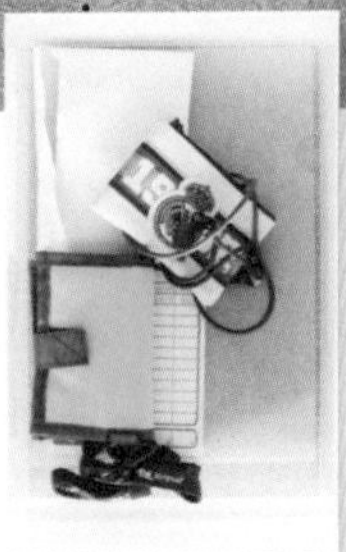

책가방과 학교에서 사용하는 물건

아들 편@초3

점토판과 리코더 등 높이가 있는 것은 여기에.

책가방은 동선상 쓰기 편한 위치에

겉옷 담는 바구니

학교에서 사용하는 점토와 구구단 카드 등 지금은 쓰지 않지만, 나중에 사용할 것은 여기에

학교 프린트는 던져 넣기만 하면 끝(자세한 내용은 P.46 참조)

어릴 때는 이렇게 사용했어요

오랫동안 쓸 수 있는 심플한 오픈 수납 상자

아이들의 성장에 맞춰서 쭉 사용할 수 있는 스타일로 아이가 어렸을 때는 장난감 수납함으로 사용했고 초등학생이 되면서 책가방 수납함으로 사용 중.

공부 책상

딸 편@초3

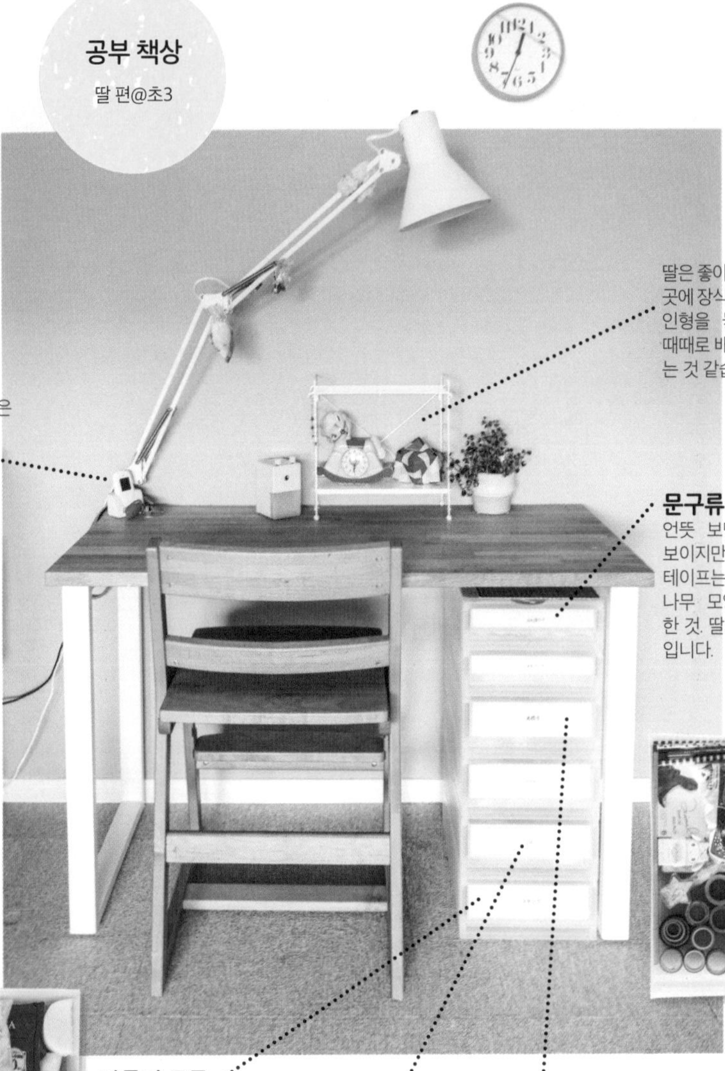

키즈폰 충전은 여기에서.

딸은 좋아하는 것을 이 곳에 장식합니다. 봉제 인형을 놓기도 하고 때때로 배치를 변경하는 것 같습니다.

문구류
언뜻 보면 엉망으로 보이지만 이 마스킹 테이프는 나름대로는 나무 모양으로 배치한 것. 딸의 정리 취향입니다.

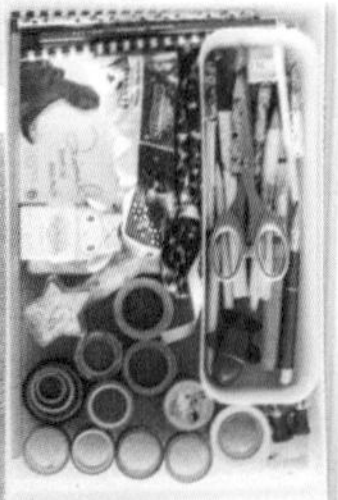

만들기 도구

소중한 것
용돈 지갑과 카메라 등, 중요한 것을 넣어두는 곳. 라벨을 ○□라고 붙였길래 왜냐고 물었더니 동전과 지폐를 의미한다고 합니다.

미술 도구
자주 쓰기 때문에 이 곳에 둔다고 합니다.

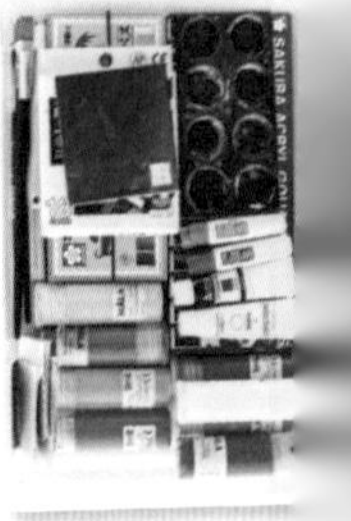

책가방과 학교에서 사용하는 물건

딸 편@초3

책상의 사용에 대해서 아이들에게 물었습니다. 둘 다 '나만의 공간'이 있다는 것을 기쁘게 생각하는 모습. 각자 자기가 좋아하는 위치에 물건을 두면 OK. 그런데 책가방 위치와 상자도 거의 대칭으로 있는 것을 보면 역시 쌍둥이인가 봅니다. 한 사람이 깨끗하게 정돈해두면 나도 깨끗하게 치워야지! 라고 생각하는 것 같아요.

아이들의 책상, 이렇게 변했습니다

6살을 앞두고 아이들이 자기들만의 공간을 갖고 싶어하기 시작했어요. 그래서 공부 책상을 살 것인가, 말 것인가를 정말 고민했습니다. 결국, 몸집이 작은 두 아이에게는 아직 공부 책상이 너무 크다고 판단, 낮은 책상을 만들었어요.

상판과 짧은 다리를 조립하여 직접 책상을 만들었습니다. 더 커서도 사용할 수 있도록 상판은 큼직한 사이즈로. 자유자재로 조합할 수 있어 편리합니다.

상판은 110 × 50cm

벽에 붙여서도 사용

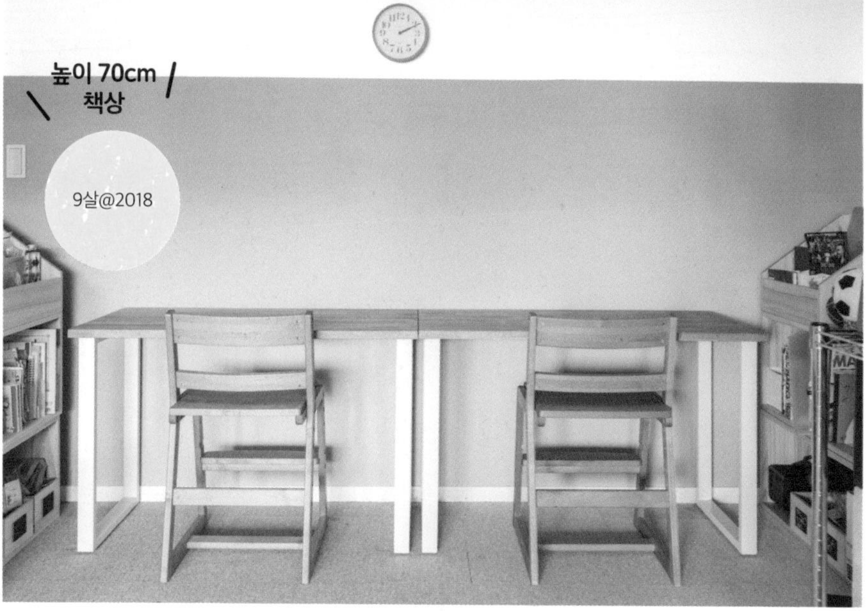

초등학교 3학년이 되자 키가 많이 자라서 30cm 높이 책상다리를 70cm로 바꿔 달았습니다.

아빠와 함께 낮은 책상다리를 떼어냅니다

사이즈를 측정

책상 다리를 튼튼하게 달아줍니다.

학교 프린트와 노트 정리법

1학년 때부터 시험지, 다 쓴 교과서와 노트를 일단 이 상자에 던져넣는 수납을 합니다. 파일에 정리하는 것은 저학년이라서 아직 어렵고, 만약 시험지를 다시 확인해야 해도 맨 위에 최근 것이 있으므로 찾기 쉽습니다. 아이당 1상자씩.

학년이 올라갈 때 프린트 정리

학년 말이면 이 박스가 거의 가득 찹니다. 그때 모두 꺼낸 다음, 함께 정리! 남겨두고 싶은 것과 필요 없는 것을 스스로 판단하여 처분할 것은 처분합니다.

남기기로 한 것은 '보관 상자'로 이동

최종적으로 '보관한다'라고 판단한 것은 보관 상자에 수납. 선생님의 조언대로 교과서는 1년분만 보관하고 있어요.

학년마다 종이를 끼워 구분

아이가 직접 '2학년'이라고 쓴 종이를 칸막이 용지로 상자에 넣습니다

'보관 상자'는 가족 옷장에 보관

아이별로 가족 옷장 상단에 수납. 다시 꺼내볼 일은 거의 없기 때문에 공부 책상과 떨어져 있어도 괜찮습니다.

공부는 어떻게 하고 있어요?

매일매일 공부 이야기

학습지는 어떻게 고르나요? Q1

학습지는 아이가 스스로 고릅니다

공부는 돌봄 교실에서 하는 숙제(다 못했으면 저녁에 집에서)와 아침 공부뿐입니다. 아침에 푸는 학습지는 보통 부모가 골라주는 경우가 많지만 실제로 그것을 푸는 것은 아이입니다. 일방적으로 받은 학습지를 푸는 것보다 자기가 직접 고른 것이 더 의욕이 생길 것 같아서 함께 서점에 가서 구입합니다. 요즘 국어가 어려우니까 이 문제집 괜찮겠다, 어느 쪽이 더 좋겠냐고 살짝(?) 유혹은 하지만 최종적인 결정은 아이에게. '내가 정했어!'라는 기분이 책임감으로 이어지는 것 같습니다.

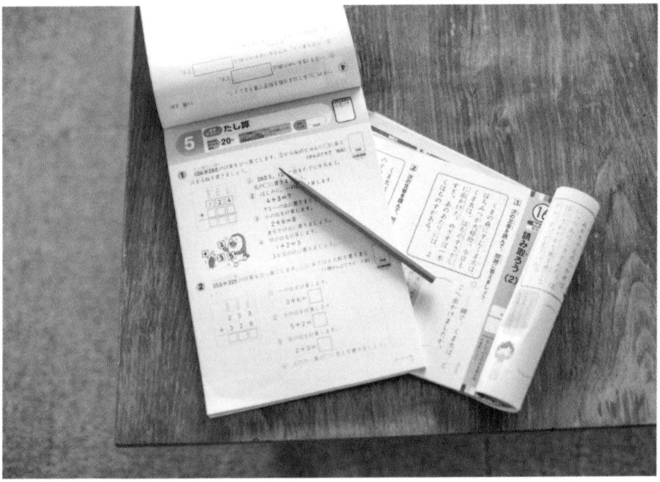

공부는 어디서 하나요?

Q2

책상과 거실 반반입니다

거실 식탁에서 반, 자기 책상에서 반씩 합니다. 아침 30분 학습은 식탁에서 쌍둥이가 함께. 돌봄 교실에서 끝내지 못한 숙제나 집중이 필요한 글쓰기, 책 읽기 등은 자기 책상에서 합니다. 식탁에서만 하면 식사 시간에 교과서 등을 어딘가로 피난시켜야 하고 자기 책상에서만 하면 부모에게 질문하기 어려워지는데 공부 장소가 양쪽에 있어서 딱 좋은 것 같아요.

숙제를 하기 싫어할 때는 어떻게 하나요?

Q3

바로 참견하지 않습니다

1학년 때, 금요일에 학교에서 돌아오면 '숙제하기 싫어요~'라고 할 때가 있었습니다. 일요일에 친구랑 놀기로 약속이 되어 있었기 때문에 '미리 해두어야 주말에 기분 좋게 놀 수 있을 텐데'라는 생각이 들었지만, 숙제를 계속 미루던 아이들. 결국, 일요일 밤까지 숙제에 전혀 손대지 않았습니다.

놀다 보니 신이 나서 저녁 식사까지 함께 먹은 오후 7시쯤. 어떻게 하나 지켜보니 친구를 곁눈질하면서 마지못해 책상으로 향하는 두 아이. 역시 마음에 걸렸나 봅니다. '빨리 해놓았으면 좋았을 걸. 다음 주부터는 꼭 금요일에 할거예요'라고 먼저 이야기하더라고요. 실패하고 그 일을 통해 스스로 깨닫는 것이 정말 중요하다는 것을 다시 느꼈어요.

다른 집 공부 공간 구경 1

'스스로 하기', '쓰고 제자리에 놓기 편할 것'을 최우선으로 생각합니다

초등학교에 다니는 아들이 둘인 하야시 씨.
책가방을 상자에 넣어두라고 했더니
교과서를 꺼내기 어렵다거나
상자에 일단 무엇이든 넣고 본다(구겨진 프린트, 연필) 등의 문제점을 발견.
아이들과 상의 끝에 지금은 거실의 낮은 보드에 그냥 올려놓습니다.

rule 1 책가방은 거실 보드 위에 올려놓습니다

하야시 씨

가족 - 남편, 아이 2명
(큰아들 초4, 작은아들 초1)
직업 - 자영업

전에는 상자에 담았었지만 불편해서 지금은 거실 보드에 올려둡니다.

rule 2

거실 테이블에서 공부합니다

아이 방은 있지만 공부 책상은 아직 없어서 거실에서 합니다. 학용품 코너를 거실 한쪽에 만들어 학교에서 쓰는 물건과 문구류를 수납합니다. 포인트는 꺼내기 쉽고 제자리에 정리하기 편하게.

rule 3

학교 프린트는 얇은 트레이에

학용품 선반 위에 있는 프린트 놓는 트레이에 아이들이 꺼내놓습니다. 쌓아두는 것을 방지하기 위해 얇은 것으로 준비했습니다.

자주 보지 않는 파일

자주 보는 파일

프린트는 보는 빈도에 따라 파일에 나눠 넣습니다. 둘 다 끼울 수 있을 만큼만 보관. 나눠 두면 매달 프린트를 바꿔 끼우기 편합니다. 외출시 봐야 할 정보가 있는 프린트는 '에버노트'라는 스마트폰 앱에 보관합니다.

rule 4

학용품 코너를 만든다

교과서와 문구류, 미술 도구와 같은 학용품류를 수납하는 선반을 책가방 가까이에 설치. 형제별로.

문구함

오픈 수납으로 쓰고 제자리에 정돈하기 쉽게.

다른 집 공부 공간 구경 2

공부 하는 것은 아이들이니까 아이들과 함께 규칙을 만듭니다

rule 1

평일에는 꺼내두어도 OK! 주말에는 잘 넣어두기로 약속

초등학생 아들이 두 명인 마유 씨. 집에 돌아와서 책가방을 오픈 수납장에 넣었다가 숙제를 꺼내고 다시 넣는다는 것이 아이들에게는 정말 귀찮은 일. 그래서 평일에는 자기 오픈 수납장 앞에 세워두는 것으로 정했습니다. 단, 금요일에는 숙제와 월요일 준비를 마쳤으면 책가방을 수납장에 넣는다는 주말의 룰을 아이들과 함께 만들었어요.

평일에는 세워두기만 하면 끝!

Mayu 씨

가족 - 남편, 자녀 2명
(큰아들 초3, 작은아들 초1)
직업 - 프리랜서

rule 2 아이들이 직접 만든 스티커를 붙였어요

아이들이 직접 쓴 과목별 스티커를 붙이도록 했습니다. 책장 어디에 어떤 교과서가 들어있는지 한눈에 알아볼 수 있어요.

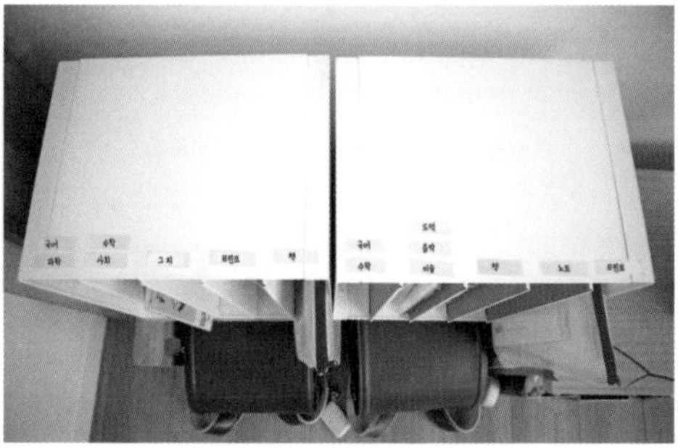

rule 3 공부 책상은 아직 필요없어요

따로 공부 책상을 두지 않고 식탁에서 숙제합니다.

rule 4 시간표를 보면서 책가방을 챙길 수 있도록 합니다

시간표는 교과서 책장 바로 위쪽 벽에 붙여둡니다. 보면서 책가방을 챙길 수 있어서 편리. 큰아들의 학급은 시간표가 매주 달라지므로 바꿔 끼우기 쉽게 후크 집게로.

rule 5 학교 프린트는 세 군데에 나눠서 보관

학습 프린트
제 확인이 끝나면 외출준비용 수납장 위, 눕혀놓은 상자에. 가득 차면 폐기합니다.

보관할 프린트
거실 수납장 속에 있는 파일박스에 형제별로 나눠서.

바로 필요한 프린트
주방 뒤쪽 화이트보드에 자석 클립으로 고정해서 잘 보이도록.

다른 집 공부 공간 구경 3

공부 책상은 소중한 자신만의 공간 아이가 자유롭게 관리합니다

rule 1

서랍 안은 아이가 스스로 쓰기 편하게 정리

공부는 아이 방에 있는 책상에서 합니다.
책상은 할아버지와 할머니가 사주신 입학 선물. 쌍둥이지만 취향이 각각 달라서 자기가 좋아하는 방식으로 수납하고 배치합니다. 현재 책가방은 책상 서랍 앞에 놓고 있는데 좀 더 좋은 장소를 모색 중.

책상 서랍은 얕은 데다가 면적이 커서 무인양품에서 산 케이스로 구분하고 문구 등 자잘한 것을 수납. 어디에 무엇이 있는지 바로 알 수 있습니다.

방학 때 집으로 가지고 오는 미술도구 등은 책상 뒤쪽에 임시 보관.

rule 2

책상 발밑에 학원용품을 둡니다

피아노, 서예, 영어학원에 다닙니다. 학원용품은 책상의 발 밑(의자 안쪽)에 수납 바구니 2개를 놓고 그 안에 넣어둡니다.

다이치 씨

가족 - 남편, 자녀 2명
(딸 쌍둥이 초5)
직업 - OURHOME 직원

어찌 됐든 스스로 생각해서 정하는 것이 중요하다고 생각합니다

rule 1

아이에게서 답을 이끌어냅니다

'좀 지저분한데'라는 생각이 들면 '여기에 다시 갖다 놓는 게 힘들어? 그럼 어디에 두면 정돈하기 편할까?' 하고 물어봅니다. '○○라서 제자리에 두기 어려워요! 여기가 좋아요!'라고 명확하게 답해줍니다.

rule 2

문구류는 공부하는 장소와 가장 가까운 곳에

거실에서 공부를 하므로 문구류는 꺼내기 쉽도록 거실 선반에 둡니다.

거실 옆 방에 책가방 놓는 곳과 외출 준비 코너를 설치.

요시다 씨

가족 - 남편, 자녀 2명
(큰아들 초5, 작은아들 7세)
직업 - 자영업

다른 집 공부 공간 구경 5

책가방 주변에 물건을 한꺼번에 수납하면 한 곳에서 준비할 수 있어요

rule 1

붙박이 벽장에 철제 선반을 넣고 학교 관련 용품을 일괄 관리

폭 120cm, 높이 30cm인 철제 선반에 자매의 책가방을 올려 둡니다. 책가방 자리 위에 교복, 모자, 휴대전화 놓는 곳을 만들어 모든 준비를 이곳에서 마칠 수 있도록 했습니다. 필요한 물건을 바로 찾을 수 있어서 편리해요. 책가방 옆에 교과를 놓습니다.

책가방 옆에 파일박스를 놓고 교과서 등 책을 넣어둡니다. 수납장 문을 떼어내서 물건을 꺼내기 쉽습니다.

rule 2

긴 책상을 구입해서 모두가 공유합니다

거실 옆에 있는 방을 아이들의 공부 & 놀이 공간으로. 안길이가 짧은 책상을 창가에 붙여서 배치, 3형제가 나란히 공부할 수 있습니다. 의자는 성장에 맞춰 높이를 바꿀 수 있는 스토케의 '트립트랩'을 색깔만 다르게 구비.

aiko 씨

가족 - 남편, 자녀 4명(큰딸 초3, 작은딸 초1, 큰아들 6세, 작은아들 7개월)
직업 - 회사원

책가방을 선반 아래에 놓기만 하면 되니 쓰기 편해요

rule 1

어쨌든 집어넣기만 하면 되므로 간단!

다이닝 옆쪽에 낮은 선반을 설치.
아이들이 거실에서 내용물을 꺼낸 다음, 선반에 넣습니다. 높이도 딱 좋고 그냥 쓱 넣기만 하면 되므로 아이들도 사용하기 쉬워요.

rule 2

낮은 테이블을 책상으로 사용합니다

다이닝 안쪽에 낮은 테이블을 놓고 책상으로 사용. 공부 책상이 아직 없기 때문에 이 테이블에서 숙제합니다

rule 3

놀이용품은 노는 장소 가까이에

색칠 공부 등 테이블에서 가지고 노는 놀이용품은 이 테이블 위에.

야바라 씨

가족 - 남편, 자녀 2명
(큰딸 초1, 작은딸 6세)
직업 - OURHOME 직원

COLUMN 1

스스로 쓰기 편하게 수납해요

아이들이 다음날 학교 갈 준비를 하고 있을 때, 가끔 책가방 속에 들어있는 것이 눈에 들어옵니다. '어? 여기가 교과서 넣는 데 맞나?' 하는 곳에 교과서가 들어있습니다. 바로 책가방 앞의 주머니 부분.

'엄만 가장 넓은 쪽에 교과서를 넣는 거라고 생각했는데. 너희는 여기에 넣었네? 왜 여기에 넣었어?'라고 물어봤더니 아이들이 '왜냐면요, 급식 주머니나 체육복 가방 같은 거 손에 들고 다니면 힘들잖아요. 친구들이 이렇게 넣고 다니는 것을 보고 따라해봤어요.'라고 대답했습니다. 그렇게 하니 물병까지 전부 책가방에 들어갔습니다.

역시! 넓은 공간에 부피가 큰 것을 다 넣으면 손이 자유로워져서 편하겠구나! 일반적인 수납과는 다른 방법일지도 모릅니다. 하지만 자신이 쓰기 편하게 수납했다면 그것이 최고! 아이들에게 배운 날이었습니다.

Chapter 3

방학을 보내는 법

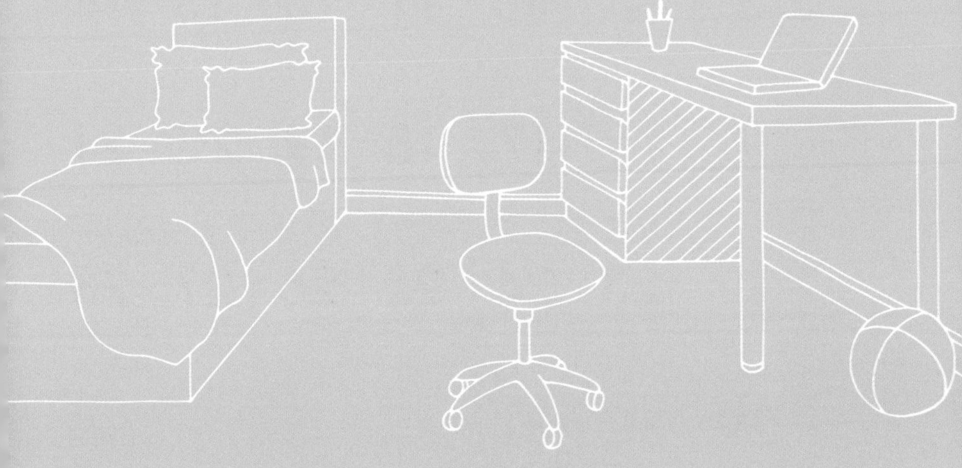

아이들은 무척 신이 나지만
생활이 너무 늘어지기 쉽지요.
함께 규칙을 만들어서
즐겁게 보내도록 해요.

July
August
S M T W T F S
1 2 3 4
5 6 7 8 9 10 11
12 13 14 15 16 17 18
19 20 21 22 23 24 25
26 27 28 29 30 31
S M T W T F S
1 2 3 4 5 6 7
학원
콘테스트 발표
8 9 10 11 12 13 14
학원
합숙
15 16 17 18 19 20 21
합숙
여름방학
가족여행
22 23 24 25 26 27 28
학원
29 30 31
Hanalei

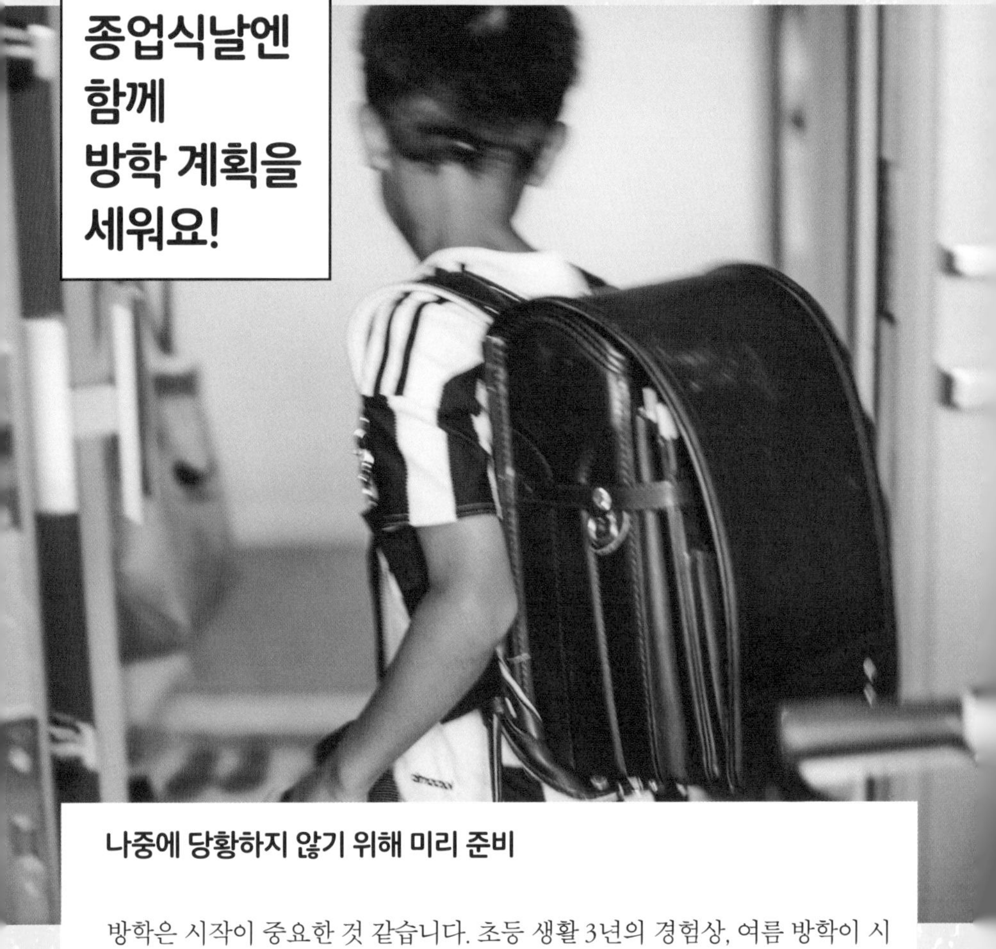

종업식날엔 함께 방학 계획을 세워요!

나중에 당황하지 않기 위해 미리 준비

방학은 시작이 중요한 것 같습니다. 초등 생활 3년의 경험상, 여름 방학이 시작되고 어느 날, 문득 정신을 차리고 보면 '어느새 8월 말이네!'와 같은 말도 안 되는 일이 벌어집니다. 아이와 부모 모두, 즐거운 방학을 보낼 수 있도록 제가 신경 쓰는 것은 종업식날 함께 계획을 세우는 것. 종업식날에는 저도 가능한 업무를 빨리 마무리하고 집에 옵니다.

숙제를 언제 할지 스케줄을 짜거나, 학교에서 가지고 온 물건들을 깨끗하게 닦습니다. 또 신학기용으로 새로 사야 할 것들을 체크, 이런 일들을 이날 다 해두면 여름 방학 동안 계속 신경 쓸 필요가 없어서 정말 편해요. 내년부터는 아이들에게 좀 더 맡기려고 하는데 언제 이 일을 할 것인지는 아이 마음입니다. 하지만 기본을 알고 있으면 분명히 스스로 자기 나름의 스케줄을 세울 수 있지 않을까요?

야호 방학이다~!

\ 써서 붙여놓으세요 /

CHECK!

방학 숙제가 잔뜩 있어요!

- ☑ 통지표 체크
  ⇨ 아빠가 집에 오시면 직접 보여드린다
- ☑ 방학의 놀이 일정을 체크(여행, 외갓집 방문 등)
- ☑ 숙제 스케줄을 대략적으로 세운다
  - 학습지는 일찌감치 끝낸다
  - 만들기나 독후감은 ○ 일까지 한다 등
- ☑ 도구 상자를 깨끗하게 닦는다
- ☑ 책가방의 내용물을 꺼내고 깨끗하게 닦는다
- ☑ 이름이 지워진 물건을 찾아 다시 쓴다
- ☑ 신학기에 필요한 것을 체크
- ☑ 사야 하는 학용품을 엄마에게 말씀드린다

내용물을 전부 꺼낸 다음, 닦아요.

오후보다 아침에 하고 싶어요

공부는 언제쯤 하고 싶어?

Point !

전부 부모가 정하지 말고 아이에게 물어보는 것이 좋습니다.

아이들의

여름 방학 하루 스케줄

6:00 평소와 같은 시간에 기상 외출 준비

7:00 아침 공부 시간에 여름 방학 숙제

약 1시간 정도, 자유 연구 활동이나 만들기 등의 큰 숙제를 이 시간에. 조금 할 만하면 출발해야 하지만 돌봄 교실에 다니고 있기 때문에 어쩔 수 없는 일.

8:00 돌봄 교실로 출발

9:00 1시간 정도 공부

돌봄 교실에서는 선생님이 옆에서 계속 가르쳐 주실 수 없기 때문에 스스로 풀 수 있는 간단한 학습지 지참.

10:00 바깥 놀이 또는 물놀이

12:00 점심 시간

13:00 낮잠

초등학교 3학년이지만 낮잠 시간이 있습니다. 더운 여름이라 피곤한지 금세 푹 잠드는 것 같아요.

15:30 귀가

아이들에 따라 다르지만 우리집은 온종일 돌봄 교실에 있는 것을 조금 힘들어해서 약간 일찍 귀가, 집에서 쉬거나 공원에서 놀고 있습니다.

18:00 저녁 식사

19:00 놀기, 공부, 텔레비전 시청

21:00 취침

우리집의 경우

여름 방학 시간 규칙 가족이 함께 정하기

1 아침에 평소처럼 일어난다

여름 방학이라고는 하지만 돌봄 교실에 다니기 때문에 어쩔 수 없습니다. 하지만 평소와 같은 시간에 일어나면 훨씬 여유있게 하루를 시작할 수 있어요.

2 공부 시간을 정한다

역시 조금이라도 시원한 아침 시간이 공부하기 가장 좋지 않을까요? 우리집은 돌봄 교실에 가기 전, 1시간 정도를 공부 시간으로 활용. 저녁에도 1시간 정도 공부합니다.

3 8월 중순부터 차차 원래 생활로 돌아간다

오른쪽처럼 대략적인 스케줄을 정해놨지만, 할아버지 할머니 댁 방문이나 여행처럼 이벤트가 있을 때는 잠드는 시간이 늦어질 수밖에 없습니다. 거기서부터 계획이 스르륵 무너지기 시작하지요. 하지만 8월 중순쯤부터는 우리 부부부터 다시 계획을 세워서 지키려고 신경을 씁니다.(그래도 여름 방학이니까 하고 늦잠을 자는 날도 있지요)

4 변화를 주면서 즐거움을 찾는다

우리집 쌍둥이는 돌봄 교실에 다니기 때문에 매일 같은 일정이 반복되는 편입니다. 그러다 보니 조금 지겨워질 때도 있습니다. 그럴 때는 아이들끼리만 외갓집에 보낸다거나 저희가 반차를 내서 놀이동산에 함께 가는 등, 변화를 줍니다.

방학 중 책가방 보관 아이디어

Point !

놓는 장소를 부모가 단독으로 정하지 말고 가족이 공유하세요.

자주 쓰는 물건을 가장 쓰기 편한 장소에

평소에는 아이 책상 가까이에 두는 책가방도 방학 중에는 쓰지 않으니까 가족 옷장에. 대신 그 자리에 돌봄교실용 배낭이나 수영 가방, 낮잠용 이불을 넣어둡니다. '그때 자주 쓰는 물건을 가장 쓰기 편한 장소에 둔다!'가 기본입니다.

방학 숙제 체크리스트를 함께 만들자

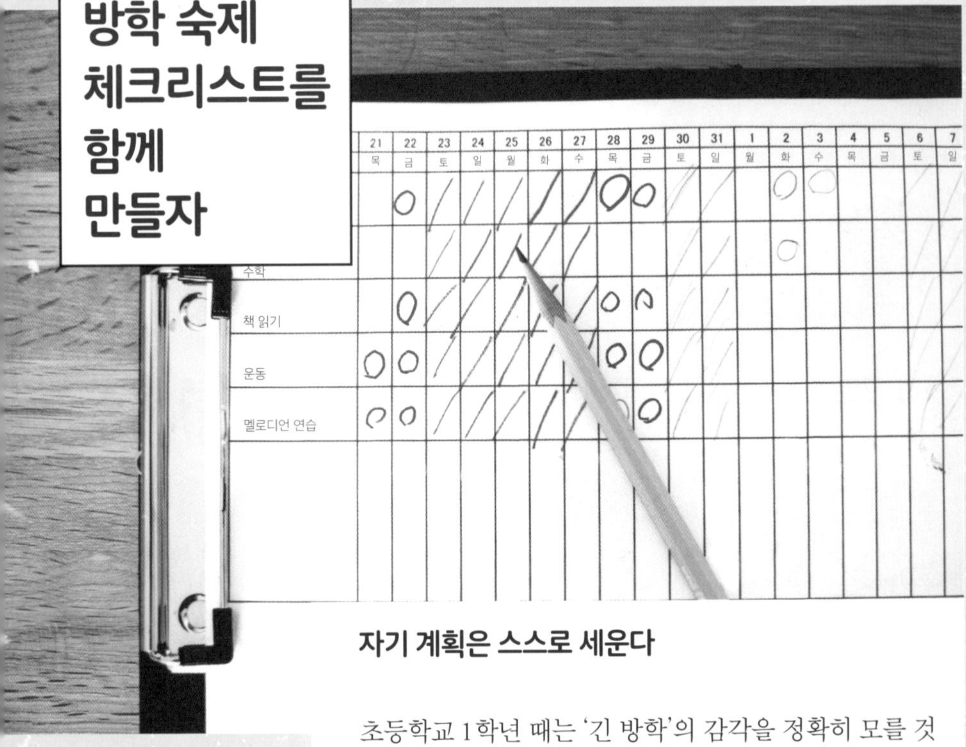

자기 계획은 스스로 세운다

초등학교 1학년 때는 '긴 방학'의 감각을 정확히 모를 것 같아서 제가 엑셀로 대충 스케줄표를 만들어주었습니다. 방학이 약 40일인데 지금은 이 정도쯤 왔다는 것을 시각적으로 알 수 있도록! 3학년이 된 지금은 이런 표를 만들지 않아도 학교에서 받은 일정표와 숙제 리스트를 자기 나름대로 체크합니다.

3학년이 된 올해 여름 방학. 숙제 양이 작년보다 늘었기 때문에 아이들 나름대로 계획을 세웠습니다. 그런데 토요일과 일요일에도 학습지와 만들기를 넣었더라고요. 저는 내심, 주말에는 축구도 하고 놀러가기도 하는데 무리가 아닐까 생각했지만 참견하지 않았습니다. 아니나 다를까 주말에는 아무것도 손대지 못해서 여름 방학 후반기에는 다 못한 것을 평일에 만회하기 위해 스케줄을 다시 짰습니다.

무슨 일이든 해봐야 깨닫는 법입니다. 내년에는 분명, 처음부터 평일만으로 계획을 세우지 않을까요?

Point !

가끔은 일부러라도 작은 실패를 겪어보게 하는 것도 괜찮아요.

만들어두길 잘했다! 여름 방학 상자

기간 한정 일원화 수납

첫 여름 방학 때, '여름 방학 상자'를 만들었는데 참 잘한 일이라고 생각합니다. 접을 수 있는 종이 소재의 파일박스를 이용, 방학에만 등장하는 상자입니다.

한 명당, 상자 하나로 여름 방학 숙제와 제출할 것 등 학교 관련 물건을 여기에 모두 집어넣습니다. 상자째로 이동할 수 있고 사용하지 않는 시기엔 접어서 수납. '방학과 관련된 모든 것은 여기만 찾아보면 된다!'는 것은 가족 모두에게 큰 안정감을 주므로 추천. (그렇다고 해도 제가 마음대로 만지지 않아요)

아이 혼자서 상자째 옮길 수 있어요.

아이가 스스로 할 수 있다! 캠핑과 합숙 훈련 갈 때 짐 싸기

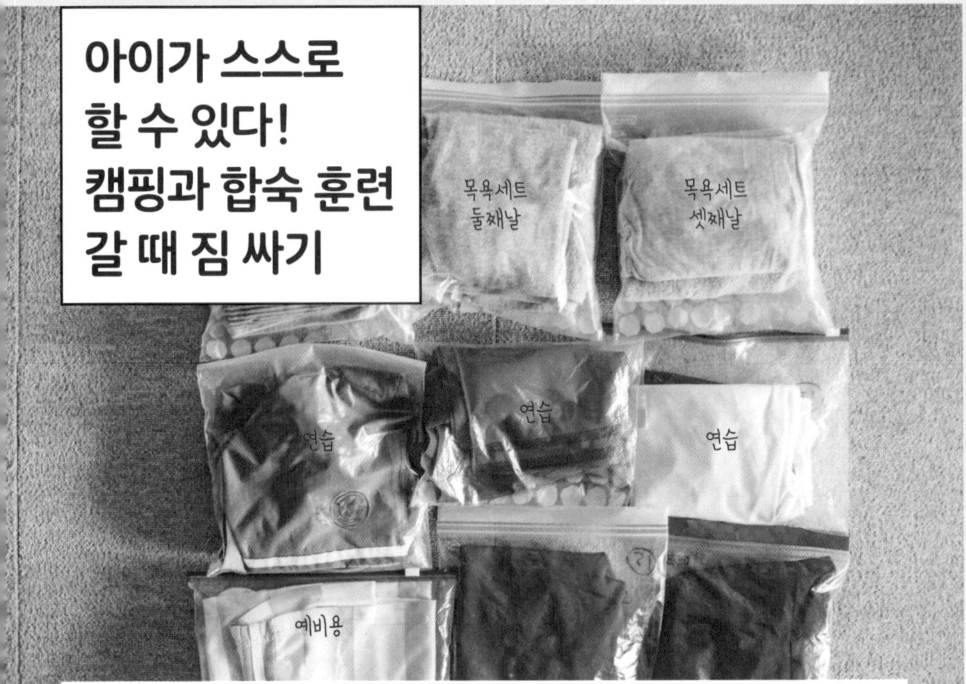

아들은 매년 여름 2박 3일간 축구 합숙 훈련을 떠납니다. 1학년 때 팀에서 준비물 리스트를 적은 종이를 받았는데 감동! 아이가 짐을 싸기 정말 쉽고 부모와 떨어져서 있어도 스스로 꺼내기 좋도록 고민한 흔적이 역력했습니다.

목욕 세트와 연습 세트(축구 연습 때 입을 옷)를 각각 투명한 지퍼백에 넣습니다. 그리고 거기에 번호를 매긴 다음, 많이 사용하지 않는 물건으로 가방 바닥을 먼저 채워나갑니다. 처음 꺼낼 물건이 가장 위에 오게 하는 것이지요.

이 기본 규칙을 어렸을 때 부모와 함께 체험하고 익혀두면 앞으로 수학여행 등을 갈 때도 정말 큰 도움이 될 것이라는 생각이 들었어요.

같이 갔던 친구의 엄마에게 들은 이야기인데 부모가 짐을 전부 싸준 아이들은 합숙 중에 분실물이 있어서 누구 것인지 물어봐도 자기 물건인지 아닌지조차 몰라서 정말 곤란했다고 합니다.

사용한 지퍼백은
한번 쓰고 버리기엔 아까우니까 물로 헹궈서 잘 말린 다음, 그대로 축구용품 서랍에 넣어둡니다. 이렇게 하면 내년에도 그대로 쓸 수 있어서 정말 편리했어요!

MINI COLUMN

여행 갈 때도 아이가 직접 짐을 쌉니다

아이들만 가는 합숙뿐 아니라 시골 할머니 댁에 가거나 캠핑갈 때도 아이들이 스스로 짐을 쌉니다. 전에 친구 가족과 갑작스럽게 1박 캠핑을 간 적이 있어요. 아이들이 각각 준비해서 배낭에 짐을 챙겼습니다.

그때 제가 벌레 물릴지도 모르니까 긴소매옷이 필요할 수도 있다는 말을 했는데 아이들의 머릿속에는 긴소매옷이라는 얘기만 남았나 봐요. 캠핑장에 가보니 갈아입을 반소매 옷을 아예 안 가지고 왔더라고요. 할 수 없이 캠핑장에서 옷을 빤 다음, 말려서 겨우 입혔습니다.

하지만 없어도 어떻게든 해낼 수 있다는 임기응변의 자세를 익히지 않았을까요? 부모가 참견하거나 대신 해 주는 것은 간단하고 쉬운 일입니다. 하지만 실패하지 않는 길을 알려주는 것보다 실패했을 때 어떻게 고민해서 해결해야 하는지 알려주고 싶습니다.

안전 지킴이에게 배우는

3가지 어린이 안전 아이디어

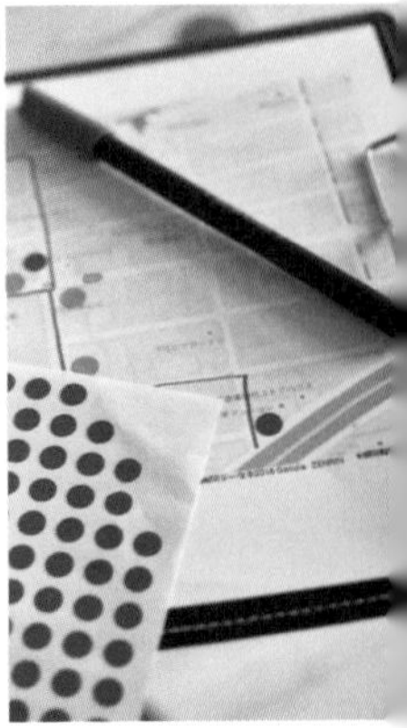

방범·안전도 아이와 함께 생각해요 1

보통 '절대 ○○하면 안 돼!' '꼭 ●●해야 한다'라고 부모가 앞장서서 규칙을 정해버리기 쉽습니다. 하지만 우선 아이가 스스로 생각해볼 수 있도록 하는 것이 중요. '모르는 사람이 말을 걸면 어떻게 하면 좋을까?' 등 퀴즈 형식으로 생각할 기회를 주는 것이 좋습니다. 만약 예상 밖의 대답을 했더라도 부정하지 말고 끝까지 함께 답을 찾는다는 마음으로.

2 아이가 안심할 수 있도록 긍정적인 말로 전달해요

방범이나 안전에 대한 것은 아이들이 무서워하지 않도록 전달하는 것이 좋습니다. '밝고 넓은 길로 다니면 안전해', '현관 열쇠를 잘 넣고 다니면 괜찮으니까 걱정하지 마.'라는 식으로 늘 긍정적인 말로 마무리하면 안도감이 생깁니다. 목욕할 때나 밥 먹을 때처럼 마음 편한 상태로 이야기할 수 있는 타이밍에 전달하는 것도 좋습니다.

규칙은 알기 쉽고 심플하게 3

기껏 정한 규칙도 너무 복잡하면 아이가 이해하거나 기억하기 어려워요. 우선은 간결한 규칙 3가지 정도부터 시작하는 것을 추천합니다. 또 약속한 것을 적은 메모를 냉장고 등 잘 보이는 곳에 붙여두면 좋아요. 아이의 연령대나 성장에 맞춰 규칙을 추가하거나 재검토하면 좋습니다.

어린이 안전 지킴이
사토우 마리코
(OURHOME 직원, 7세, 2세 자매의 엄마)

여름 방학 자유 과제로도 추천!

아이와 함께 '안전 지도'를 만들어보세요

방범과 안전 의식을 어떤 방법으로 가르쳐야 할지 난감합니다.
아이와 함께 '안전 지도'를 만들어보면 어떨까요?

위험한 장소란?
- 사람의 왕래가 적은 길
- 주차장이나 자전거 주차장
- 낙서가 방치되어 있는 곳
- 공사장 등

안전한 장소란?
- 어른이 있는 가게나 병원
- 경찰서나 학교 등의 공공 장소
- 친한 친구집
- 아동 안전 지킴이 집

준비할 것
- 등굣길 지도(인터넷에서 지도를 검색해서 출력하거나, 직접 그려도 OK)
- 컬러 라벨스티커 원형 2색
- 펜
- 클립보드 (지도를 들고 다닐 때 편리)

만드는 법

① 지도에 통학로를 표시하고 어떤 길로 걸어가는지 사전에 체크

⇩

② 지도, 펜, 라벨스티커를 들고 아이와 함께 통학로를 같이 걷는다.

⇩

③ 안전한 장소와 위험한 장소를 발견하면, 각각 다른 색깔로 스티커를 붙인다.

⇩

④ 스티커를 붙인 곳이 왜 안전한지 또는 왜 위험한지를 아이에게 물어본다.

⇩

⑤ 등하교 할 때, 곤란했던 때나 걸을 때 약속할 것 등, 가족이 함께 규칙을 정한다.

Point !

'이 길은 사람이 많이 다니니까 안심이야', '여기는 신호등이 없어서 위험한 것 같다'라고 아이가 스스로 생각한 것은 기억에도 잘 남고 자신감으로도 이어집니다.

MINI COLUMN BY SATO

큰딸이 3살 무렵부터 꽃집이나 빵집 등 근처 가게에 물건을 사러 갈 때 함께 갑니다. 처음에는 이웃들과 유대감을 갖고 싶어서 시작했는데 혹시 아이에게 무슨 일이 생겼을 때 뛰어들어갈 수 있는 장소가 있다면 저도 아이도 안심할 수 있을 것 같다는 생각이 들었습니다.

'이 가게 아주머니하고 알아', '저번에 꽃 사러 갔던 가게네!'라는 일상의 작은 경험이 쌓여 자신이 사는 동네에 대한 안심으로 이어지길 바랍니다.

'이웃과의 유대감'. 이것도 부모가 아이에게 전해줄 수 있는 '자신을 지킬 방법'의 하나. 물론 지진이나 화재 등의 재해 때도 도움이 될 것입니다. 일상에서 할 수 있는 것들을 앞으로도 아이와 해나가고 싶습니다.

아이의 안전을 위한

입학 전 체크리스트

주소, 전화번호 등을 말할 수 있도록 연습했어요

아이들 눈에 잘 띄는 거실 벽에 주소 등을 적은 종이를 붙여놓고 외우는 연습을 했습니다. 무슨 일이 생겼을 때 어른에게 신속한 도움을 받으려면 주소 등을 정확하게 전달할 수 있어야 하니까요.

통학로를 아이와 함께 걸어봤어요

실제로 책가방을 메고 걸어보니 아이들이 힘들어해서 생각보다 시간이 오래 걸렸습니다. 또 아침 등교 시간대는 낮 시간에 비해 교통량이 많다는 것에도 놀랐어요! 연습을 실전처럼, 가능한 등하교 시간에 맞춰서 연습하는 것이 좋습니다.

책가방이나 보조 가방의 이름은 눈에 잘 띄지 않는 곳에 씁니다

미술 도구 가방은 밴드 안쪽에, 물통은 바닥 부분에 기입. 주인을 아는 것도 중요하지만 가능한 바깥쪽에서 잘 보이지 않는 곳에 이름을 쓰는 것도 안전 포인트.

열쇠 케이스는 책가방과 같은 색으로 골랐어요

현관 앞에서 재빨리 열쇠를 꺼낼 수 있도록 열쇠 케이스를 구입. 역시 이것도 '눈에 띄지 않게' 책가방과 같은 색으로 골랐습니다.

아이 친구 엄마들과 정보 공유

성범죄자 알림 e 등 여성가족부에서 보내주는 범죄자 정보 등을 알게 되면 남편이나 아이 친구의 엄마들과 정보를 공유합니다. 함께 조심하는 것도 소중하다고 생각합니다.

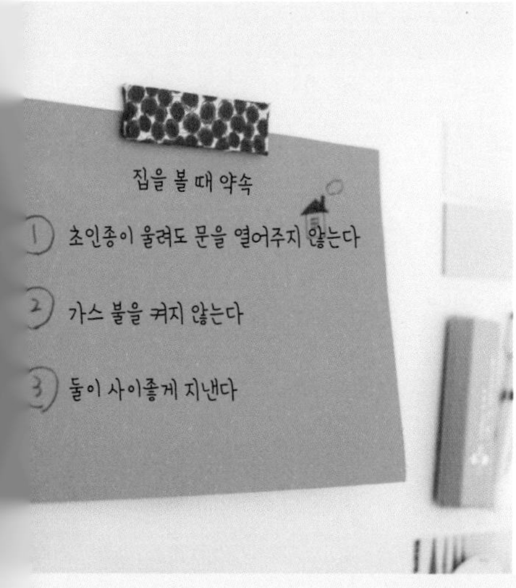

집을 볼 때의 규칙을 아이들과 함께 정했어요

초등학생이 되면서 아이들끼리 집에 있는 것이 가능해졌습니다. 그래서 우선 3가지 간단한 약속을 아이들과 만들었습니다. '초인종이 울려도 문을 열어주지 않는다'와 같은 간단하고 외우기 쉬운 규칙입니다. '스스로 판단해서 자신을 지키자!'라는 생각과 자신감이 자라났으면 좋겠습니다.

COLUMN 2

아이는 몇 살까지 귀여울까요?

아이들이 아기일 때는 '초등학생이 되면 이토록 귀엽게 느껴지는 시기는 지나가겠지'라고 막연하게 생각했습니다. 하지만 현재 10살인 두 아이. 매년 이 '귀여움'이 업그레이드되고 있습니다.

- 오늘 있었던 일을 진지하게 열심히 말해주는 모습
- 반이 바뀐 후, 처음으로 친해진 친구와 놀기로 약속하고 왔을 때 신나 보이는 표정
- 저에게 퀴즈를 내다가 자기가 답을 말해버렸을 때, 어머나? 하고 놀라는 표정.

9살이 되고 10살이 되었지만, 아직도 너무너무 귀엽습니다. 얼마 전, 일로 알게 된 대학생 쌍둥이를 키우는 아빠와 이런 대화를 나눴는데 '20살이 된 지금도 계속 귀여워요'라고 말씀하시더라고요. 뭐야, 역시 그런 것이구나. 자기 아이란 무슨 일을 하든, 몇 살이 되든 귀엽다는 것은 진실인 것 같습니다.

Chapter 4

옷장 정리법

자기가 입을 옷은
스스로 고른다.
자신의 '취향'을
발견하는 첫걸음입니다.

반바지
긴바지

바지
치마

옷을 고를 때

우리집 규칙

1

아이와 함께 사러 간다

학교 갈 때 입는 옷, 주말에 입는 옷을 포함해서 옷을 살 때는 아이와 함께 갑니다. 자기가 입을 옷이니까 직접 선택하는 것이 가장 중요. 최근엔 인터넷을 보면서 함께 고를 때도 있습니다.

2

계절에 따라 옷을 바꿔 입는 것도 자신의 타이밍에

더워지거나 추워졌을 때도 자기가 선택해서 옷을 바꿔 입도록 합니다. 다른 계절 옷이 어디에 있는지 알려주고 아이가 꺼낼 수 있는 낮은 위치에 수납합니다.

3

취향도 중요하지만 TPO를 생각한다

음악회 날에도 축구 유니폼을 입고 가겠다는 아들. '잘 생각해 봐. 축구 시합에 재킷이랑 나비넥타이 맨 아이가 뛰어도 괜찮아?' 물으니 그건 안 된다고 하네요. 그것과 마찬가지라고 알려줬더니 납득하고 제대로 된 셔츠를 입고 음악회에 갔습니다. 1년 동안 평범한 옷을 입은 것은 그날 하루였어요(웃음).

입을 옷을 고르는 즐거움

현관 바로 옆에 넓이가 8.3제곱미터(약2.5평)인 방이 있습니다. 이 방 전체를 가족 옷장으로 사용합니다.(P.16) 여기에 가족 전원의 옷을 수납. 건조기에 넣으면 안 되는 옷은 옷걸이에 걸어 말린 다음, 옷걸이째로 이곳에 수납합니다. 아이들 옷은 원래 외출복만 수납했는데 요즘 딸이 패션에 흥미가 생기면서 매일 아침 여기서 옷을 고르는 일이 많아졌습니다. 어차피 각자 방이 필요해지면 이곳은 딸의 방이 됩니다. (둘이서 이미 의논을 끝낸 것 같아요) 언제든 이동이 가능한 철제수납장을 사용하길 잘했다는 생각이 듭니다.

더위와 추위 체크는 베란다에서

'엄마, 오늘 날씨 더워요?'라고 물어오면 '엄마도 잘 몰라, 베란다에 나가서 확인해봐'라고 계속 말했더니 아이가 스스로 날씨를 확인하기 시작했습니다.
뉴스의 일기예보를 보지만 피부로 느끼는 것이 최고. 날씨에 맞춰 옷을 고르는 것 같습니다.

전신 거울로 옷차림 체크

'오늘 입은 옷, 이상해 보이지 않아요? 윗옷을 바지에 넣는 게 나을까요?'라고 물으면 '글쎄, 네가 거울로 한번 어떤가 봐'라고 계속 말했더니 옷차림도 스스로 체크합니다.
코디를 전부 맡기지만 멋지게 잘 맞춰 입었을 때는 폭풍 칭찬! 복도에 있는 전신 거울이 큰 도움이 됩니다.

서예와 미술이 있는 날엔 검정색 옷을 입습니다

서예 수업이 있는 날, 아끼는 하늘색 카디건을 입고 갔다가 먹물이 튀어 속상해했던 딸.
그 경험을 한 이후, 서예 시간이나 미술이 들어있는 날엔 검은색 옷을 입고 가기로 했나 봅니다. 이것도 실패를 경험했기 때문에 깨닫게 된 일입니다.

머리 스타일도 스스로

요즘 뻗친 머리가 신경 쓰이기 시작한 듯한 딸. 뻗친 머리 관리법과 머리 묶는 법을 알려주었습니다.
요즘은 유튜브에 초등학생들이 동영상으로 여러 가지 머리 스타일 연출하는 법을 알려주는 콘텐츠도 있어서 아이가 스스로 배울 수도 있습니다. (대단한 시대!)

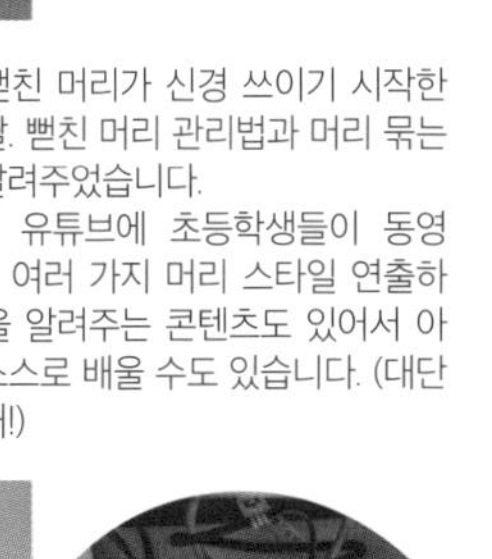

외출 준비 수납장

KNEIPP
어른 속옷과 양말
1종류 1상자로 수납. 라벨을 붙였다.
평일 아이 옷
평일에 입는 아이 옷 윗옷
세탁 후
빨래가 마르면 이곳에 넣습니다. 빨강은 딸 옷, 초록은 아들 옷. 아이가 직접 갠 다음, 수납장에 넣는데 언제 할 것인지는 아이에게 맡깁니다.
평일 아이 옷
평일에 입는 아이 옷 하의. 각각 상자를 나눠서.
아이 속옷과 양말
1종류 1상자로 수납
건조기에 넣으면 안 되는 세탁물
남편과 나의 옷, 아이 외출복
건조기에 넣어도 되는 세탁물
아이들 평상복, 잠옷, 수건, 양말, 손수건 등 각자 분류해서 넣습니다.
잠옷
서랍을 떼어냈더니 벗어지는 일이 사라졌습니다

8년 동안 이 자리인 '외출 준비 수납장'

세면실 한쪽, 세탁기 바로 앞에 자리한 우리집'외출 준비 수납장'(P.16).

아이들이 2살 무렵부터 계속 이 자리에 있었습니다. 아침에 제가 마른 빨래를 빨강과 녹색 바구니에 휙 넣어두면 아이들이 자신이 정한 타이밍에 개서 수납장에 넣습니다. 각각 서랍에 넣는 것은 자신만의 기준이 있는 것 같습니다. 아들은 '축구 교실 서랍', '학교에 입고 가는 축구복'이라고 나눠놨는데 제가 보기에는 거의 똑같아 보이지만 아들 나름의 규칙이 있다고 하네요. 아이들이 각자 방을 갖게 되면 크고 부피를 차지하는 옷 등은 자기 방에 수납하게 될 것이므로 여기는 속옷과 잠옷만 두게 되겠지요(기쁘면서도 쓸쓸하네요….)

다른 집 옷장 구경 1

아이가 스스로 관리하기 쉽도록 옷의 양을 조절합니다

아래 바구니에 벗은 빨래를 넣습니다.

rule 1 옷의 양은 아래위 4, 5개로 정했습니다

옷이 많아지지 않도록 조절하고 있습니다. 위와 아래 각각 4, 5개씩 정도. 자기 옷이 어디에 있는지를 확실하게, 사람, 종류가 섞이지 않도록 놓습니다.

rule 2 옷걸이 수납으로 옷을 고르기 쉽게

최근 옷걸이 수납으로 바뀠는데 모든 옷이 한눈에 보이기 때문에 딸들은 코디를 즐기게 되었습니다.

rule 3 속옷, 잠옷도 개인별로 상자에 넣어서

주름이 생겨도 상관없는 잠옷과 속옷은 개인별로 상자 수납. 건조기에서 꺼내 그대로 넣기만 하면 되니까 수납도 편해요.

aiko 씨

큰딸 초3, 작은딸 초1,
큰아들 6살, 작은아들 7개월

다른 집 옷장 구경 2

외출 준비 수납 공간을 만들어 옷부터 티슈까지 모아놓습니다

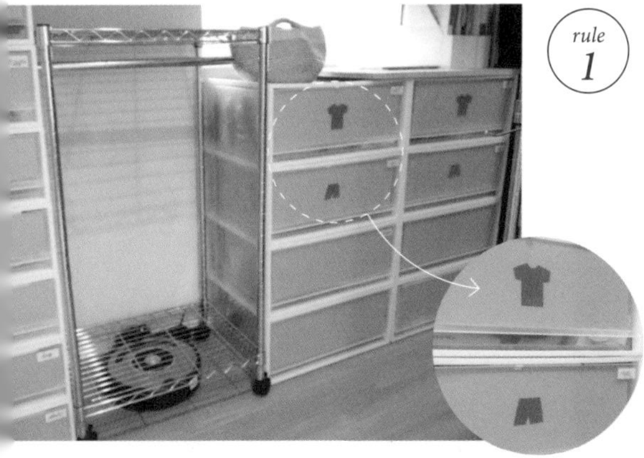

rule *1*

1종류 1상자 수납으로 아이 스스로 외출 준비

여름에는 아이들이 맨 위 서랍에서 반소매 티셔츠, 그 아래 서랍에서 반바지를 꺼냅니다. 그 외 계절에는 뒤쪽 철제랙에 셔츠와 파카가 걸려있기 때문에 그것을 걸쳐서 온도 조절하는 스타일.

외출 준비 수납 공간. 왼쪽에 서랍, 오른쪽에 철제랙을 설치하고 옷걸이에 걸어서 수납.

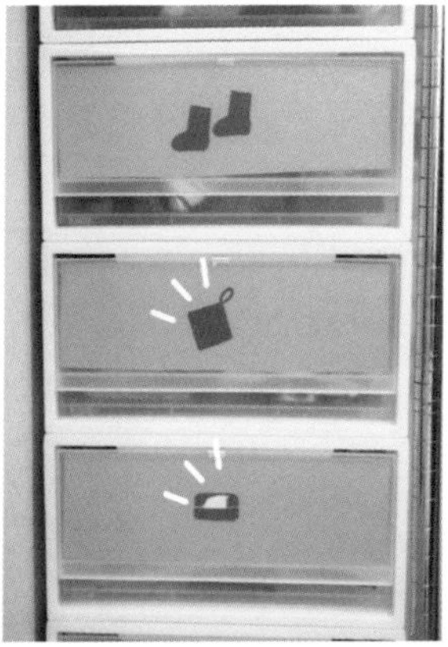

rule *2*

티슈와 손수건도 1종류 1상자

옷뿐 아니라 양말, 손수건, 티슈 등 외출에 필요한 것을 전부 1종류 1상자로 수납. 여기에서 모든 외출 준비를 끝냅니다.

Mayu 씨

큰아들 초3,
작은아들 초1

다른 집 옷장 구경 3

아이가 꺼내고 넣기 쉬운 것을 최우선으로 생각합니다

rule 1

바지는 걸어둡니다

교복 바지는 걸어두지 않으면 구깃구깃해집니다. 전에는 그냥 벗어던졌지만, 고리에 걸기만 하라고 했더니 스스로 잘 걸어둡니다.

BEFORE
전에는 벗어 던져놨어요

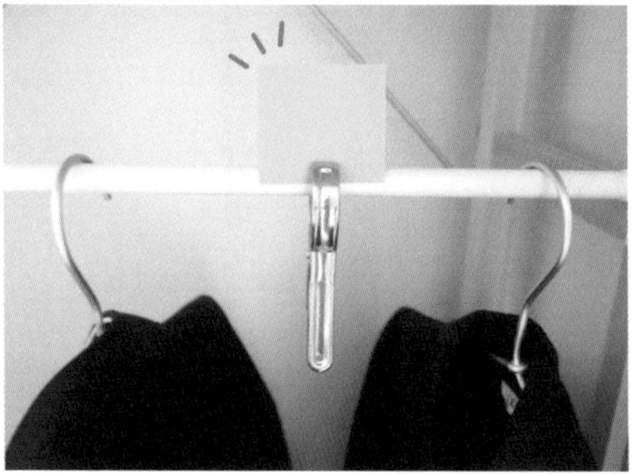

rule 2

자기 자리를 구별하기 쉽도록 이름 쓰기

둘 다 교복이라서 섞이기 쉽습니다. 한가운데 형제의 이름을 쓴 종이를 클립에 끼워서 공간을 나눴습니다. (원래 여기에 이름을 써 둡니다.)

rule 3

꺼내기 쉽게 아이템별로 나눠서 넣었어요

속옷은 필요한 개수만 있으므로 고민할 필요가 없습니다. 수납은 아이템별로 대충 나누고 넣고 꺼내기 쉽게 신경을 썼습니다.

요시다 씨
큰아들 초5, 작은아들 7세

다른 집 옷장 구경 4

그 시기에 입는 것만 낙낙하고 여유있게 수납합니다

rule 1 아이 옷은 개수를 엄선

거실에 아이용 서랍장을 놓고 교복과 사복 모두 그 시기에 입는 것으로만 엄선하여 낙낙하게 수납합니다. 한눈에 알아보기 쉽기 때문에 막 넣어도 괜찮습니다.

rule 2 외출 준비 서랍을 설치

학교에 가지고 가는 손수건과 티슈, 물병 주머니는 거실 학용품 코너의 서랍에 수납하고 있어요. 책가방 가까이에 있어서 준비하기 쉽습니다.

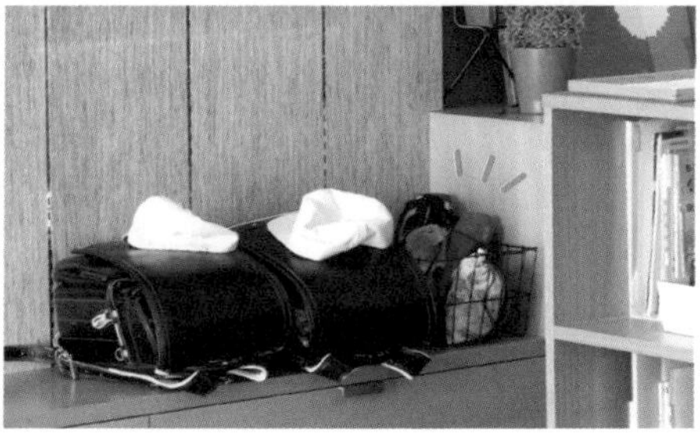

rule 3 동선을 의식합니다

전에는 집에 돌아와서 학교에서 사용한 물병과 컵을 잘 꺼내놓지 않았고 교복도 벗은 채로 던져놨습니다. 아이들과 상의 끝에 책가방 옆에 바구니를 설치. 사용한 물병과 컵, 벗은 교복을 휙 넣기만 하도록 바꿨습니다.

하야시 씨

큰아들 초4, 작은아들 초1

다른 집 옷장 구경 5

외출 준비 수납장을 만들어 옷 관리를 한꺼번에 합니다

rule 1

외출복은 옷걸이에 평상복은 서랍에

우리집은 3층 집인데 1층 침실에 외출 준비 수납장을 설치했습니다. 옷걸이에는 외출복이나 원피스, 겉옷 등을. 아래에 있는 서랍에는 윗옷, 바지, 속옷, 양말, 수건까지 수납합니다.

rule 2

배낭이나 학원 가방은 외출 준비 수납장 옆에 걸어둡니다

가깝기 때문에 매일 아침 준비가 원활하게 진행.

rule 3

작은 물건은 작은 서랍에

양말이나 속옷, 수건 등 작은 물건은 큰 서랍이 아니라 작은 서랍에 쏙쏙 수납하면 편리합니다. 마스킹 테이프를 각각 다른 색으로 붙여서 누구 것인지 바로 알아볼 수 있도록.

야마자키 씨
큰딸 7세, 작은딸 2세

아이가 쉽게 쓸 수 있게 고민한 수납으로 외출 준비 습관을 만듭니다

rule *1*

욕실 앞에 평상복과 속옷류 일괄 수납

욕실에서 나와 바로 외출 준비를 할 수 있도록 양말, 속옷함, 평상복 서랍을 설치.
자매가 자기 자리를 알아보기 쉽도록 다른 색으로 표시했습니다. 빨래를 걷어서 빨강 바구니에 넣어두면 아이들이 갠 다음, 각자 서랍에 정돈합니다.

rule *2*

아이가 쓰기 쉬운 높이에 수납

방 한쪽에 둔 행거랙에 겉옷과 외출복을 수납. 현관에서도 가깝고 아이들 손이 닿는 높이라서 쓰기 편합니다.

rule *3*

학원용품은 준비하는 곳에

수영 가방은 세탁기에 걸어놓습니다. 수영장에 다녀오면 이곳으로 와서 세탁기 안에 빨랫감을 휙. 다 마르면 다시 가방에 넣어둡니다. 같은 발상으로 피아노 레슨 가방 자리는 피아노 의자 옆.

야바라 씨

큰딸 초1, 작은딸 6세

COLUMN 3

'좋아하는 마음'이 행동을 바꾼다

아들은 학교에서 집에 오자마자 물병을 싱크대에 내놓는데 딸은 다음 날 아침까지 꺼내놓지 않는 일도 자주 있었습니다. (저도 잊어버리고 도시락통을 내버려 두기도 하지만요;;;)

어느 날, 딸이 '지금 쓰는 물병은 저한테 너무 커요. 더 작은 물병이랑 귀여운 물병 케이스를 갖고 싶어요'라고 말했습니다. 마침 저도 같은 생각을 하고 있었기 때문에 딸과 함께 물병과 케이스를 사러 갔습니다.

환한 보라색 물병과 귀여운 팬더가 그려진 물병 케이스. 자기 마음에 드는 것을 구입한 딸은 정말 기뻐했어요. 그리고 다음 날부터… 집에 돌아오면 싱크대로 물병을 가지고 가서 내용물을 물로 헹궈내고 세워놓기 시작했습니다. 그날부터 매일 빼놓지 않고요. 정말 좋아하는 물병. '좋아하는 마음'이 딸의 행동을 변화시켰다는 것을 느꼈습니다.

Chapter 5

장난감 정리법

초등학생이 되니

놀이도 장난감도

달라졌습니다.

노는 것은 정말 중요한 시간!

Discover Japan
Casa
BRUTUS
HANDMADE
ZAKKA & TOYS
NEW COLLEGE
충전
나무블럭
카드
보드 게임
MAGAZINE
恐竜時代

레고
블럭
이것저것
박스
Winter in White

'놀이'에 대한

우리집 규칙

1

노는 것도, 학원 수업도 모두 미래를 위한 투자

장난감 하나를 골라도 아이에게 '하고 싶다!'라는 마음이 생겼다면 분명히 미래로 이어지는 무엇인가가 있다고 믿습니다. 그것이 게임이든 무엇이든!

2

부모가 앞질러서 해주지 않습니다

아이 자신이 흥미를 갖지 않으면 하고자 하는 마음으로 연결되지 않는다고 생각합니다. 부모는 많은 것을 주려고 하기보다 '기다리는' 자세를 갖는 것이 중요하다고 생각합니다.

3

함께 놀아주기보다 이야기를 들어줍니다

어릴 때는 매일 30분 정도 무엇인가를 함께 하면서 놀았습니다. 하지만 지금은 아이들이 자신들의 이야기를 들어주는 것을 더 좋아하는 것 같아요. 의외로 이것이 가장 중요한 것인지도 모릅니다.

레고
카드
이것저것 박스

우리집의

'놀이'에 대한 생각

아들은 축구, 딸은 만들기에 빠져있습니다.
우리집에서는 놀이든 뭐든, 하고 싶은 것은 '아이가 스스로 찾는 것'이라고 생각하고 있어요. 하고 싶은 것 = 꽃을 피우기 위해서는 스스로 물을 줘야겠지요. 부모는 '가끔 양분을 준다 = 조언한다' 정도의 역할을 합니다.
그런 우리집의 '놀이'에 대한 생각을 3가지로 정리했습니다.

기다린다

축구공은 현관에 있는 바구니에 수납합니다.

부모가 '이것으로 놀게 하고 싶다!', '이것을 가르치고 싶다!'라고 생각한 것을 시키는 것이 아니라 아이가 스스로 '이게 하고 싶어!'라고 할 때를 기다립니다. 아들의 경우는 텔레비전에서 축구 경기의 골 장면을 보고 눈을 반짝였던 것, 딸은 어린이집에서 손재주가 있다는 칭찬을 받고 신이 나서 공예를 하고 싶다고 말한 것이 첫 계기였습니다.

이것은 제가 어렸을 때, 저희 엄마가 옛날에 배우지 못한 피아노를 제게 가르치고 싶다고 학원에 보냈지만 흥미가 없어서 연습도 전혀 하지 않고 억지로 13살까지 계속했던 경험이 트라우마로 남아있기 때문이라고 생각합니다(웃음).

도전하도록 돕는다

스스로 만드는 법을 배웁니다.

아이들이 평소의 모습보다 확실히 흥미가 있어 보인다! 그런 순간을 느꼈다면 부모가 움직일 타이밍. 예를 들어 딸이 좋아하는 핸드메이드는 유튜브에서 딸보다 약간 큰 아이들이 직접 액세서리를 만드는 동영상을 함께 봅니다. 아니나다를까 흥미진진한 표정. 제가 모르는 기법을 익히기도 하고 오히려 제가 아이에게 만드는 법을 배우는 경우도 늘었습니다.

유튜브와 게임에는 막연한 거부감이 있었지만, 사용법에 따라서는 부모가 알려줄 수 없는 것을 알려주는 도구가 되기도 합니다.

아들의 축구용품, 딸의 핸드메이드에 들어가는 비용은 용돈과는 별도로 '학원비'와 마찬가지로 생각합니다. 예를 들어 딸의 경우, 비즈 같은 관련된 부품 등 재료비에 들어가는 돈은 아끼지 않고 지원해줍니다. 하지만 하나만 사면 간단하게 만들어지는 이른바 '키트'같은 것은 크리스마스나 생일에만 사주는 것으로 한정.

아들의 경우엔 해외 축구를 보기 위해 지불하는 매월 위성방송 비용은 '필요한 투자'로 생각합니다. 매일 거의 30분은 꼭 시청하고 주말에는 가족 중에서 가장 일찍 일어나서 시합을 관전하며 해외 선수의 전술을 연구하고 있습니다.

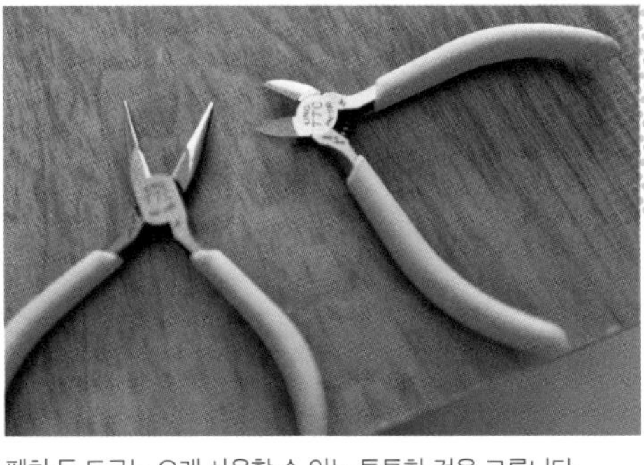
펜치 등 도구는 오래 사용할 수 있는 튼튼한 것을 고릅니다.

확장한다

초등학생의 장난감 수납

역시 1종류 1상자 수납이 최고

어린이집에 다닐 때와 비교하면 장난감이 엄선되어 확 줄었습니다. 1년에 2번, 크리스마스 전과 생일 전에 대청소 개념의 정리를 합니다. 일단 전부 꺼낸 다음, '남겨두고 싶은 것', '물려줘도 괜찮은 것'으로 나누고 있습니다. 초등학생이 되기 전에는 저도 함께 분류를 도왔습니다. 하지만 지금은 아이들끼리 하고 있습니다.

4살 때부터 장난감은 '1종류 1상자 수납'을 고수. 한 종류를 한 개의 상자에 넣습니다. 이제 분류는 물론 라벨 만들기도 아이들이 합니다. 전에는 사진을 붙였지만, 지금은 글씨로 쓰고 있습니다. 아이들이 자라면서 직접 라벨을 만들고 있는데 사진 인쇄보다 글씨로 쓰는 것이 더 쉽기 때문입니다.

만약 지금까지 아이들에게 장난감 정리를 시킨 적이 없었다면 연습이 필요합니다. 한 번에 전부를 정리하라고 하면 아이가 너무 힘들어할 것이 분명하니까요. 엄마가 함께하면서 '여기에서 가장 좋아하는 장난감을 골라봐'라고 분류하는 연습을 시도해 보세요.

장난감 & 취미 관련 물건 수납

장난감 정리

가득 차면 정리할 타이밍!

우선 전부 꺼냅니다.

필요한 것과 필요하지 않은 것으로 분류합니다.

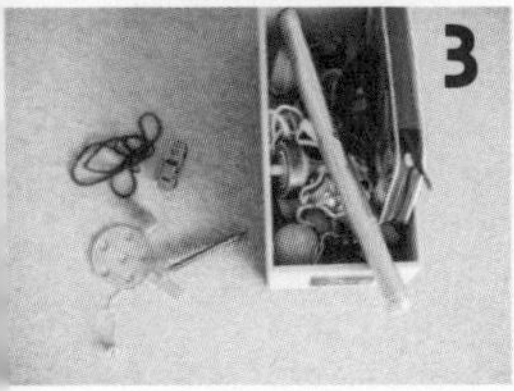

필요한 것은 상자에 다시 넣고 필요하지 않은 것은 처분하거나 물려줍니다.

1종류 1상자로 상자 수납. 초등학생이 되니 자잘한 장난감이 늘어났지만 원래 상자에서 꺼내서 종류별로 수납합니다. 왼쪽부터 이것저것 box, 카드류, 레고. 카드는 종류별로 지퍼백에 담아서 찾기 쉽게.

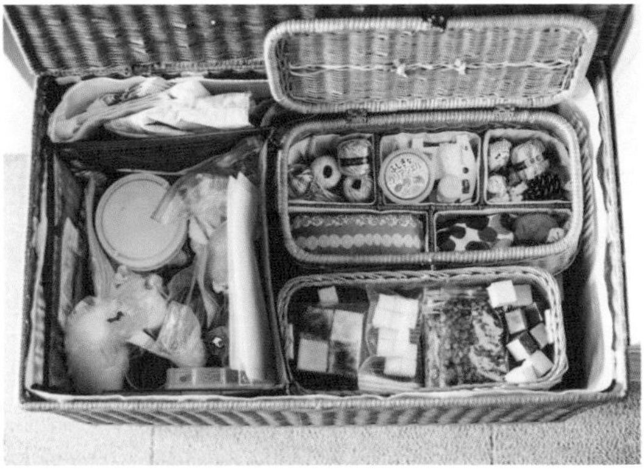

딸의 취미 관련 물건을 담은 상자. 수예나 만들기 등 손을 움직이는 것을 좋아하는 딸은 수예와 만들기 재료를 라탄박스 하나에 수납합니다. 종류별로 작게 나눠서 수납합니다.

자기의 공간인 책상 옆에 둡니다.

학원용품 수납

소지품 메모
자꾸 잊어버리고 가는 물건이 많아져서 아들과 체크리스트를 만들었습니다. 매번 이 메모를 체크하면서 스스로 준비하고 있어요.(여름과 겨울로 계절에 맞춘 버전이 있음)

정강이 보호대 수납
축구 연습을 하고 집에 와서 목욕을 하는데 목욕탕에 들어가기 전에 정강이 보호대를 세탁 망에 담아 세탁기에 넣을 수 있도록 아이 손이 닿는 위치에 세탁 망을 걸어둡니다. 꾹 꽂으면 되므로 꺼내기 간단.

아들은 주 4회, 축구클럽에 다닙니다. 그것도 모자라서 매일 축구를 하러 공원에도 나갑니다. 아들은 '공을 깔끔하게 정리하고 싶다'라는 생각은 한 적이 없을 것입니다. 아마 '1초라도 빨리 축구 교실이나 공원으로 나갈 수 있게 수납'하고 싶다는 생각은 했겠지요. 그래서 그 목표를 위해 저와 함께 어떻게 수납하면 좋을지 생각해봤습니다.

붙박이 신발장에는 전부 문이 달려 있습니다. 하지만 문을 열고 뭔가를 넣고 꺼내는 것은 무척 귀찮은 일. 그래서 아이가 사용하는 부분의 문짝을 뜯어내고 오픈 수납으로 사용하기로 했습니다.

상단에는 제 모자와 선글라스 등의 축구응원 용품. 가운데 단은 아이들 신발, 하단엔 바구니를 넣고 공과 축구 교실 가방을 수납. 드디어 현관을 데굴데굴 굴러다니던 공이 제자리를 찾았습니다.

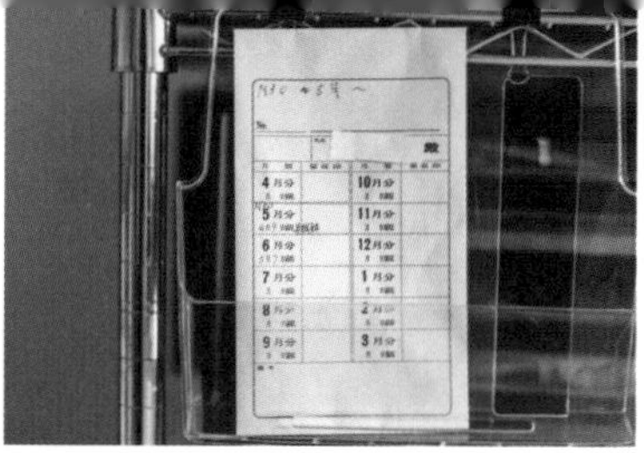

학원비 봉투
책가방과 마찬가지로 학원 가방도 제가 마음대로 열지 않습니다. 학원비 봉투에 도장을 찍는 시스템으로 운영하는 학원의 경우, 아이가 봉투를 꺼내줘야 합니다. 아이가 스스로 꺼내 줄 때까지 기다리지만 받으면 바로 넣어줄 수 있도록 현금을 늘 준비해둡니다.

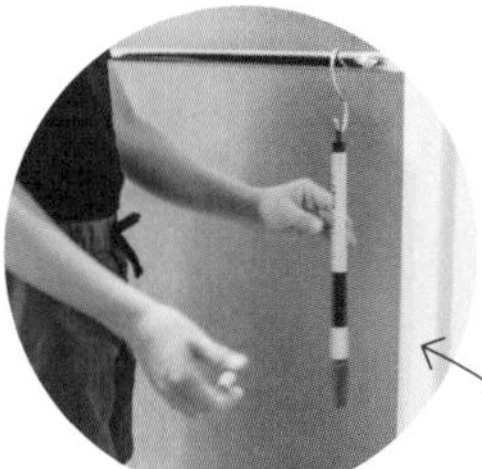

깨끗하게 빤 붓은
S자 고리로 목욕탕 문 손잡이에 걸어두고 말립니다.

일주일에 1번, 서예 학원에 다니는 딸은 집에 돌아오자마자 붓을 빨아두는 것이 습관화되었습니다.

분명 붓을 빠는 것이 귀찮아지리라 생각했기 때문에(저는 그랬거든요.) 서예 학원에 다녀온 첫날, 딸과 함께 붓을 빠는 시스템과 수납 장소를 정했습니다.

역시 시작이 중요! 세면실에서 큰 붓을 빤 다음, 목욕탕 문의 S자 고리에 걸어서 말립니다.

거의 일주일간 그대로 걸려있을 때가 많지만 스스로 빨고 말려서 준비하는 것만으로 충분하다고 생각하기 때문에 제가 마음대로 도구 상자에 정리하지 않습니다.

@서예

다른 집 놀이 공간 구경 1

장난감을 가지고 노는 빈도에 따라 나눠서 수납합니다

초등학생 딸 둘과 취학 전 아들 둘, 이렇게 네 아이를 키우는 엄마 aiko 씨. '아쿠아 비즈와 그림 그리기 등의 창작 관련, 그림 그리기 패드 등의 태블릿 관련, 트럼프나 오셀로 등 보드게임처럼 자주 노는 장난감은 1층 거실 옆방에 둡니다. 각각 상자에 담아서 꺼내기 쉽게 했고 수납할 곳도 확실하게 정해두었어요.그랬더니 더 잘 가지고 놀고 스스로 정리도 잘합니다.

rule *1*

자주 노는 장난감을 꺼내기 쉬운 곳에

aiko 씨

큰딸 초3, 작은딸 초1
큰 아들 6세, 작은 아들 7개월

트럼프는 원래 케이스에 다시 넣는 것이 힘들어서 자주 방치되었습니다. 그래서 균일가숍에서 카드케이스를 구입해서 바꿔 담았어요.

아쿠아 비즈 등의 창작 계열 장난감은 자잘한 것이 많기 때문에 작은 케이스에 나눠서 수납.

rule 2

충전도 스스로 할 수 있게 콘센트를 가까이에 배치

태블릿 계열 장난감 옆에는 콘센트를 배치해서 충전도 아이들이 직접 할 수 있도록 했습니다.

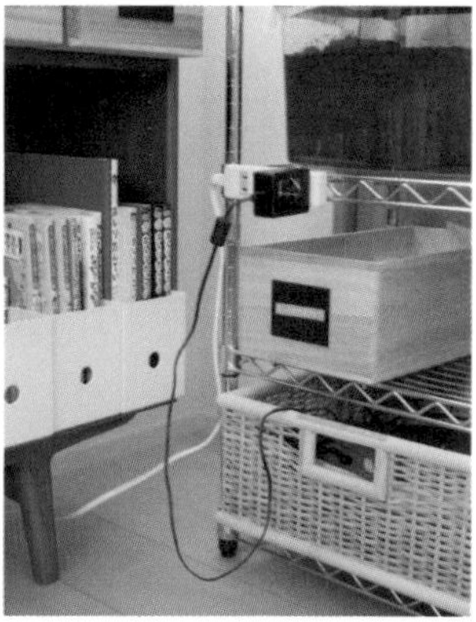

rule 3

사용 빈도가 낮은 장난감은 다른 장소에 수납

거의 갖고 놀지 않는 장난감은 2층 아이들 방에 둡니다. 놀다가 질리면 가끔 교체하기도 합니다.

rule 4

아이 얼굴 사진으로 라벨을 만들어서 재미있고 알아보기 쉽게

종류 구분이 어려운 장난감도 아이별로 나눠서 상자에 담아둡니다. 얼굴 사진을 붙여서 어린아이들도 알아보기 쉽게.

다른 집 놀이 공간 구경 2

장난감은 1종류 1상자로 여유있게 관리 쓰고 제자리에 갖다 두면 OK!

rule 1

텔레비전 밑에 장난감을 수납

텔레비전 아래 공간에 장난감을 수납합니다. 자잘하게 나누는 수납은 성공하지 못했기 때문에 마술용품, 카드게임, 레고로 종류별로 상자에 대충 넣습니다. 상자 속이 지저분해도 제자리에 넣었다면 그것으로 OK.

rule 2

장난감은 사용 빈도로 장소를 나눈다

거실이 너무 지저분해지지 않도록 자주 노는 장난감만 거실에 놓고 그렇지 않은 장난감은 아이 방에 둡니다. 아이 방에는 그 외에도 책이나 도감, 큰 장난감 등을 둡니다.

하야시 씨

큰아들 초4, 작은아들 초1

다른 집 놀이 공간 구경 3

침실과 놀이방을 통합
아무것도 없는 방을 만들었습니다

rule 1

아무것도 없는 방을 만든다

3단으로 접히는 매트리스를 침구로 사용, 아무것도 없는 방을 만들어 침실 겸 놀이방으로 사용합니다. 여기에서 공놀이, 종이비행기 날리기, 무선 조종 장난감 놀이, 매트리스를 쌓아놓고 뜀틀 놀이도 합니다. 아이들은 아무것도 없는 방을 가장 좋아하는 것 같아요.

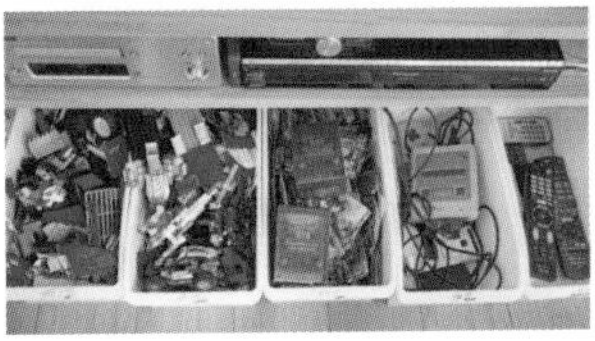

rule 2

장난감은 텔레비전 아래 수납장에 1종류 1상자로

카드, 레고 등에 종류별로 라벨을 붙여서 알아보기 쉽게 수납.

rule 3

좋아하는 것은 전용으로 쓰는 작은 케이스에

자기가 좋아하는 카드는 다른 물건과 섞이지 않도록 본인 전용 작은 케이스에 각각 넣어둡니다.

Mayu 씨

큰아들 초3, 작은아들 초1

다른 집 놀이 공간 구경 4

초등학생이 되니 쓰는 물건도 변화 오픈 선반으로 유연하게 정리합니다

rule *1*

작은 장난감은 상자 속을 다시 작게 나눠서 수납

12살과 7살인 아들을 키우는 요시다 씨.
'초등학생이 되니까 장난감 개수가 점점 적어지네요. 장난감 선반에 있는 것은 거의 둘째 물건이고 큰아들 것은 왼쪽 위에 있는 상자뿐입니다. 게임기는 작기 때문에 쓰기 편하게 상자 안에 다시 작은 상자를 넣어서 구분했습니다. 엉키기 쉬운 코드류는 반투명 비닐케이스에 담아뒀고요. 여기엔 자주 노는 게임만 두고 잘 안쓰는 것은 다른 곳에 보관합니다.'

형제가 각각 보물을 넣는 상자를 만들었습니다. 남겨두고 싶은 것은 이 상자가 가득 찰 때까지만 남기는 것으로 정했습니다. 상자 명칭이 서로 다른 것은 본인들이 정했기 때문입니다.

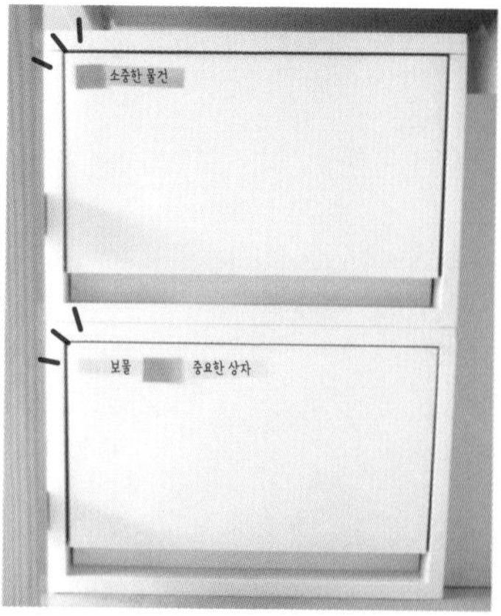

rule *2*

보물 상자는 각자 1개씩

카드, 레고 등에 종류별로 라벨을 붙여서 알아보기 쉽게 수납

큰아들의 보물들

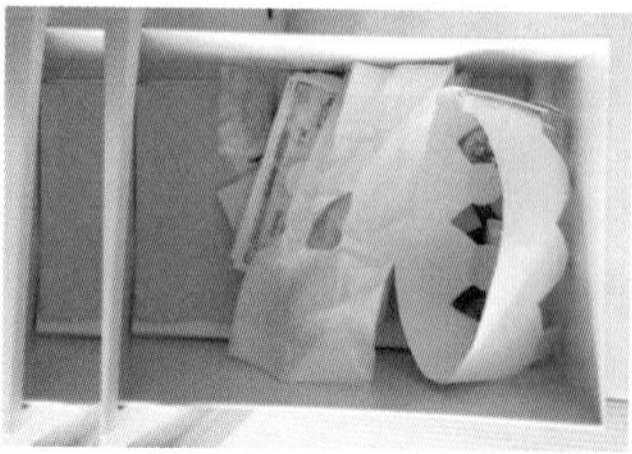

요시다 씨
큰아들 초5, 작은아들 7세

rule *2*

좋아하는 것은 전용으로 쓰는 작은 케이스에

자기가 좋아하는 카드는 다른 물건과 섞이지 않도록 본인 전용 작은 케이스에 각각 넣어둡니다

rule 3

학원에 갈 때는 전용 가방을 들고 간다

프로그래밍 학원의 가방은 책가방 옆에 바구니를 놓고 보관합니다. 거의 전용 가방이므로 교재도 항상 넣어둡니다.

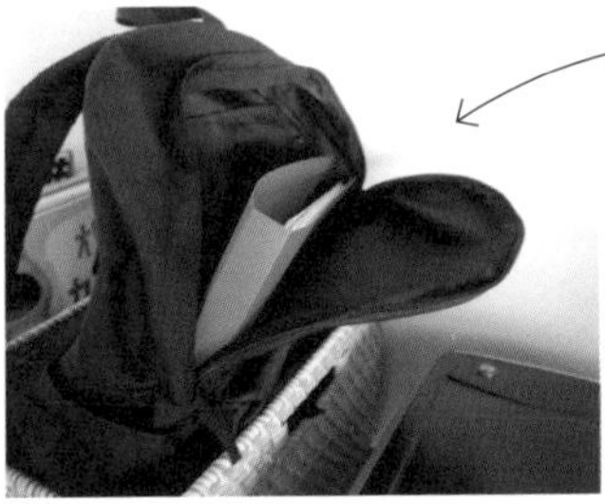

축구 교실에서 쓰는 배낭은 현관이 제자리. 집 안까지 흙먼지가 들어오지 않도록(웃음).

COLUMN 4

스스로 방법을 찾을 수 있는 아이로 키우고 싶어요

어느 휴일. 부서진 스위치 플레이트를 교체하려고 공구를 찾고 있었어요. 그런데 아무리 찾아도 보이지 않는 것이 아무래도 회사에 가지고 갔다가 그냥 놔두고 온 것 같았습니다.

아, 큰일났네. 오늘은 못하겠네. 그렇게 생각하고 있을 때, 갑자기 딸아이가 "엄마, '드라이버 대신 쓸 수 있는 것'으로 인터넷에서 한번 검색해보세요."라고 하지 않겠어요. 저는 깜짝 놀랐습니다.

바로 스마트폰으로 검색해보니 드라이버 대신 '가위의 앞쪽 끝부분을 사용한다', '커터칼 끝을 쓴다' 등 많은 아이디어가 넘쳤습니다. 이날 저는 딸의 말을 듣고 아이가 곤란한 상황에서 어떻게 하면 좋을지를 스스로 생각하게 되었다는 것이 놀랍고 감탄스러웠습니다.

물론 아이들은 앞으로도 어려운 일과 직면하겠지요. 그런 상황에서 인터넷 검색을 포함, 스스로 방법을 찾고 고민도 해 나갈 것입니다. 그런 힘을 조금씩 자신의 것으로 길러 나갈 아이들. '세월이 흐르면 제가 아이들에게 더 많은 것을 배우게 될 날이 오겠구나'하는 생각이 든 날이었습니다.

Chapter 6

엄마들의 고민 Q&A

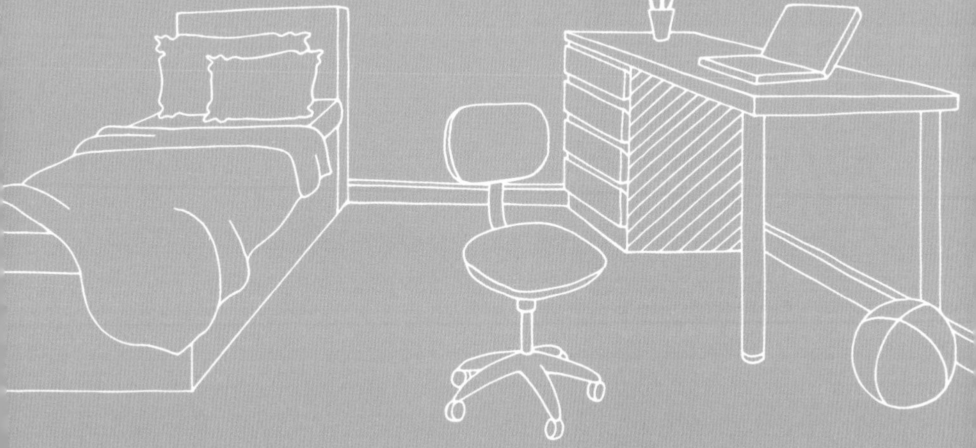

휴대전화는 사줘도 될까요?

용돈은 얼마나 주나요?

엄마들의 리얼한 고민

같이 이야기해 볼까요?

Q
선생님과의 커뮤니케이션에서 신경 쓰고 있는 것은?

A1 아이들 앞에서 선생님에 대한 불만을 이야기하지 않습니다

아이 앞에서는 학교 선생님에 대한 걱정이나 불만을 이야기하지 않습니다. 아이는 좋든 나쁘든 부모를 보고 배웁니다. 선생님에 대해 부정적인 말을 하는 부모의 모습이 아이의 선생님을 향한 부정적인 행동으로 연결될 수도 있다고 생각합니다.

이것은 학원 선생님에 대해서도 마찬가지. 의논해야 할 것이 있다면 남편과 둘이 있을 때 이야기해서 결정합니다.

A2 알림장의 체크할 곳을 표시하는 작은 배려

이것은 회사 직원에게 배운 아이디어인데 선생님께서 알림장을 펼치기 편하게 마스킹 테이프로 표시를 해두는 것입니다. 매일 30명 분량의 체크를 하려면 무척 힘드실 것 같습니다.

그때 이런 작은 배려가 쌓여서 선생님의 마음이 조금이라도 편안해지시면 좋겠다는 마음에서 시작한 일입니다. 또 학기 말과 학년 말에는 간단한 감사 인사를 같이 붙여서 보냅니다('답장은 안 주셔도 괜찮습니다'라고 한마디 붙여서)

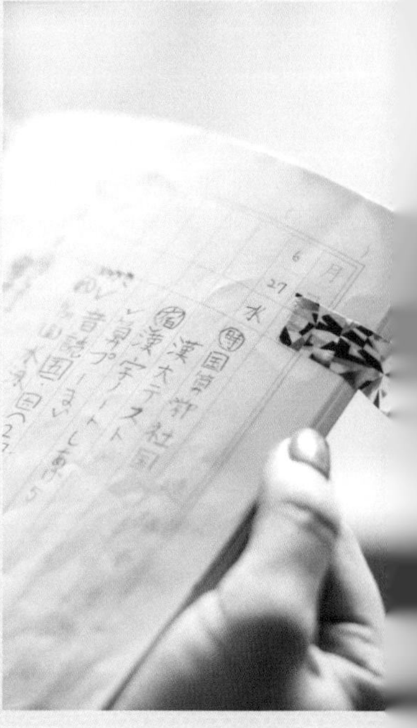

Q

아이가 갖고 싶어 하는 디자인이지만 정말 마음에 들지 않는 경우는 없었나요?

A

그 물건을 실제 사용하는 것은 누구인가요?

솔직히 말하면, 아이가 고른 아이템에 대해서 한숨을 쉰 적, 물론 있습니다(웃음). 딸이 너무너무 갖고 싶다고 한 진분홍색의 화려한 캐릭터 필통. 음, 이건 좀 아닌데…라고 생각했지만, 눈을 반짝이며 갖고 싶어하는 딸을 보며 어쩔 수 없이 샀어요. 딸은 그토록 좋아하는 필통을 학원 등에 가지고 가면서 얼마나 신나했던지요.

하지만 몇 년 후, '엄마, 저 요즘 필통이 창피해서 잘 안 꺼내요. 몰래 가방 속에 손을 넣어서 연필을 꺼내고 있어요.'라는 딸. 부모가 생각하고 있는 것보다 딸은 금방 성장해서 다시 새로운 취향을 발견하고 있었습니다. 사용하는 것은 아이고 부모인 제가 아닌 걸요. 저도 초등학교 때는 캐릭터를 좋아했지만, 지금은 심플한 것을 좋아합니다. 자기 취향을 스스로 발견하는 것이 중요하다고 생각합니다.

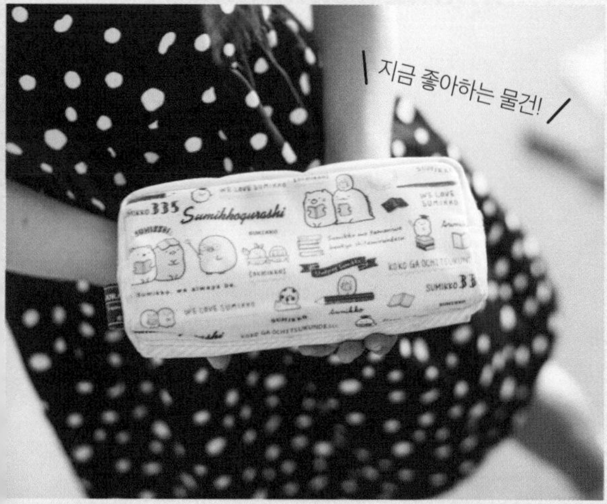

Q

Emi 씨는 학부모회 활동을 하고 있나요?

학부모회용 가방. 이것만 들고 갈 수 있게 미리 준비해 둡니다.

A

학부모회 활동을 하면서 많은 것을 깨닫게 됩니다

예, 아이들이 3학년이 된 올해, 처음으로 가입하였습니다. 활동하면서 알게 된 것은 작은 일 하나라도 많은 학부모와 선생님의 수고가 담겨있다는 것. 프린트물 하나도 수많은 공정이 있다는 것을 알고 깜짝 놀랐어요. 제가 활동하는 그룹은 기본적으로는 메신저 프로그램인 라인으로 협의를 합니다. 모두가 바쁘므로 가능한 짧은 협의를 통해 결정할 수 있도록 노력합니다.

업무 전에 작업할 것이 많으므로 학부모회용 상자를 만들어 회사에 두었습니다. 워킹맘이라서 힘든 점도 있지만 제가 모르는 학교생활 속에서의 아이들의 모습을 볼 수 있고 친구 엄마들과 유대감이 생기는 등 좋은 점도 많이 있습니다.

Q

아이가 친구 집에 놀러 갈 때 신경 쓰는 것은?

A

과자에 메모를 붙여서

저희 아이들은 돌봄 교실에 다니고 있으므로 아이들끼리 약속해서 집에서 노는 일은 그렇게 자주 있지 않습니다. 하지만 보내게 될 때는 과자를 들려서 보내는데 거기에 몇 마디 메모를 적어서 붙입니다. 처음으로 방문할 때는 연락처도 같이 적습니다.

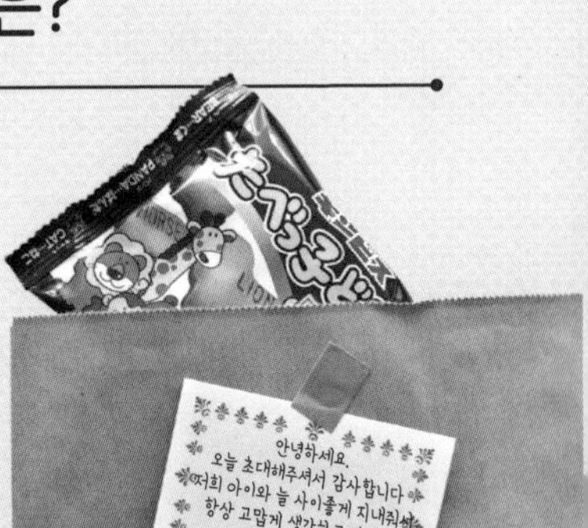

Q

아이가 반려동물을 키우고 싶어 한다면?

A

'직접 돌본다면 OK'라는 규칙

어느 날, 아이들이 금붕어와 송사리를 키우고 싶다고 했습니다. 너희들이 먹이도 주고 물을 갈아준다는 규칙을 지킬 수 있다면 허락한다고 했고 현재 잘 키우고 있어요.

딸은 식물을 키우겠다고 해서 매일 책임지고 물을 주기로 했지만, 이번 여름, 며칠간 물 주는 것을 잊어버려서 시들어버렸습니다. 하지만 그것 또한 자신의 책임. 일단 가지를 전부 잘라놨다가 내년에 다시 키워본다고 합니다. (이것도 하나의 공부가 되었으려나요…)

Q

아이에게 휴대전화를 사주셨나요?

A

아이 돌보미 대신 키즈폰을 갖고 다니게 합니다

쌍둥이가 각각 하나씩 키즈폰을 갖고 있습니다. 원래는 돌봄 교실을 졸업하는 고학년 때까지는 필요하지 않다고 생각했어요. 그런데 1학년 때, 제가 갑작스러운 업무로 예정보다 늦게 집에 온 적이 있었습니다. 연락할 방법이 없었던 아이들이 울면서 저를 기다리고 있더라고요.

아이들이 무척 불안해해서 아이 돌보미 대신이라는 느낌으로 키즈폰을 사주었습니다. 지금은 학원이 끝날 때와 아이들끼리 있을 때 사용합니다.

| 모두의 고민 |

Q

나중에 아이가 자기 방을 갖고 싶어하면 어떻게 하실 건가요?

A

아이가 원하는 타이밍을 잘 확인

사실 요즘 딸이 방을 혼자 쓰고 싶다고 해요. 원래는 혼자서 잘 수 있게 되면 자기 방을 주려고 했지만, 딸과 아들의 타이밍이 달라서 고민 중입니다. 하지만 무조건 안 돼! 아직은 일러! 라고 말하지 않고 딸과 함께 아이가 꿈꾸는 방의 이미지를 인터넷이나 잡지에서 찾아내서 '마이 노트'에 붙여두고 있습니다.
계획은 현재 가족 옷장(⇨P.12)으로 쓰는 8.3제곱미터(약2.5평)의 방을 딸아이 방으로 꾸며주려고 합니다. 그런데 그러려면 거기에 있는 물건들은 어디에 밀어 넣어야 하는데 그게 고민(웃음).

하지만 역시 딸의 소망이 간절할 때 방을 만들어주는 것이 자기 방과 물건을 소중하게 여기는 마음으로 이어질 것이라고 생각합니다. 생각해보면 저는 초등학교 3학년 때 인테리어에 눈을 떴거든요. 그래서 봄방학에 방을 꾸민 다음, 4학년 때부터 혼자 쓰게 하려고 합니다. 아들은 지금 있는 아이 공간으로 충분한 것 같으므로 당분간은 이대로.

마이노트에 붙여줍니다.

책상 위에 올려놓고 싶은 것들입니다.

Q

아이에게 빨리하라고 소리 지른 적은 없나요?

A

아이와 함께 생각해보세요

이번 3학년 여름 방학, 아침 일정이 점점 늘어져서 거의 출발 시간 직전까지! 그런 상황이 자주 발생했던 딸. 곤란한 것은 본인이므로 참견하지 말아야지 생각하면서도 저도 모르게 그만 '좀 빨리빨리!'라는 말이 나올 뻔했습니다. 하지만 본인이 절실하지 않으면 행동하지 않는 것은 부모나 아이나 마찬가지.

왠지 모르게 애매해진 아침 시간을 '시각화'하자고 결심, 딸과 둘이서 시간과 할 일을 적어 넣었어요. 그랬더니 딸 마음속에서 '6시 40분까지는 옷을 갈아입겠다'는 명확한 목표가 생긴 것 같았습니다. 그 후로는 매일 그 시간을 목표로 (사이사이에 축축 늘어지는 시간도 있지만) 노력하고 있습니다. 물론 포스트잇에 적어서 붙여놓는 것도 좋습니다. 이런 식으로 아이와 함께 '왜 그 시간까지는 해놓는 것이 좋은지'를 생각하는 시간을 갖는 것이 중요하다고 생각합니다.

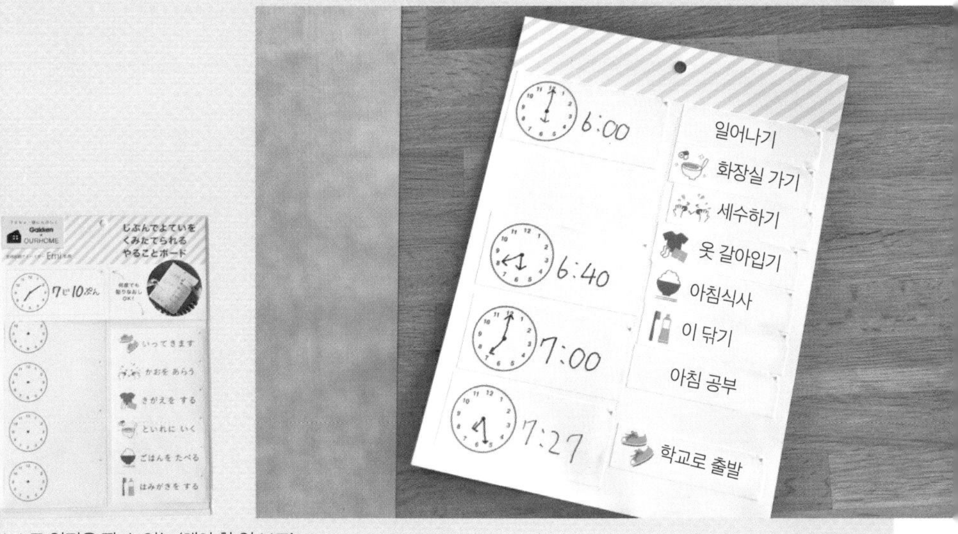

스스로 일정을 짤 수 있는 '해야 할 일 보드'

모두 어떻
하고 있나요

‘아이들에게 집안일을 어떤 식으로 돕게 하나요?’

엄마 직원들의
좌담회
1

초등학생을 키우고 있는 OURHOME의 엄마 직원들과 함께 아이들의 집안일 돕기에 대해서 이야기를 나눠보았습니다.

Emi 여러분의 초등학생 자녀들은 집안일을 어떤 식으로 돕고 있나요?

다이치 딸들이 지금 5학년인데 고학년이 되니 학원 때문에 바빠져서 집안일을 도우라고 말하기가 쉽지 않더라고요. 하지만 집안일을 같이 해야 한다고 생각하고 있기 때문에 아침에 침대를 정돈하거나 밥상을 차리는 것처럼 짧은 시간에 할 수 있는 일을 맡기고 있습니다. 생각해보니 가끔 친구를 집에 데리고 올 때는 청소를 아주 열심히 하네요!(웃음)

Emi 맞아요, 우리 딸도 초등학교 2학년쯤부터 집에 친구가 놀러 오기로 하면 평소보다 더 열심히 청소에 몰두하더라고요.
특히 여자아이들은 친구가 어떻게 생각할지를 신경 쓰는 편이라 그런 것 같아요.

마루나카 우리집도 초등학교 1학년인 큰딸에게는 욕조 청소나 수건 개는 것 같은 간단한 집안일을 시키고 있어요. 친구들도 집안일 하면 용돈을 받는다면서 자기도 달라고 해서 어떤 것을 하든 한 건에 100원을 줍니다. 그랬더니 지금은 돈을 모으려고 열심히 하는 것 같아요(웃음).

Emi 용돈을 주는 것 외에 집안일을 돕게 하기 위한 다른 아이디어가 있나요?

마루나카 수건 놓는 곳을 아이들 키가 닿는 곳으로 옮겼고 수저통의 위치도 꺼내기 쉬운 장소로 바꿨어요.

Emi 역시 그랬군요. 아이들이 스스로 할 수 있는 시스템을 만들었군요. 정말 잘하셨네요!

우에가이토 저희집 1학년 아들은 상 차리는 일을 맡겼는데 자꾸 안하려고 해요. 그래서 좋은 방법을 고민하고 있어요.

Emi 요즘 우리집은 연필꽂이같이 생긴 수저통을 쓰는데 식탁 위에 항상 꺼내둬요. 식사 시간이 서로 다른 날도 있어서 이렇게 '언제든 사용할 수 있는 스타일'로 했더니 그때그때 수저통을 가지러 갈 필요가 없어 가족 모두가 편해졌답니다.

우에가이토 그렇군요~! 움직일 필요없는 시스템을 만드는 것도 하나의 방법이네요.

야바라 우리집 아이들은 한시라도 빨리 먹고 싶은 마음에 상을 그토록 열심히 차리는 것일까요?(웃음)

마루나카 기특하네요! 하지만 뭔가 아이들이 잘 도울 수 있는 시스템이 갖춰져 있지 않을까요?

야바라 식탁 옆에 커트러리를 올려놓은 선반이 있는데 밥이 완성되면 그곳에 함께 올려두고 있어요. 아이들에게 '얘들아, 밥 다 됐어'라고 하면 선반으로 와서 밥과 함께 원하는 커트러리를 골라 식탁으로 옮기는 거지요.

수건은 아이의 손이 닿는 위치에(직원 마루나카 씨)

Emi 상을 차리는 일에 대한 아이들의 접근성이 좋겠네요. '한번 해 볼까' 하는 만만함이 있으면 지속할 수 있잖아요. 덧붙여서 아이들이 해 주기를 바라는 일과 잘하는 일, 좋아하는 일을 잘 조합해서 시키면 좋을 것 같아요. 그런데 우리는 도대체 무엇을 위해서 아이들에게 집안일을 돕게 하는 것일까요?

우에가이토 그러고 보니, 거기에 대해서 곰곰이 생각해 본 적은 없는 것 같아요. 단순히 아이가 어른이 되었을 때 아무것도 모르면 곤란하지 않을까 하는 걱정 때문이랄까.

Emi 저는 애초에 집안일은 돕는 것이 아니라 가족 모두가 분담해서 하는 것으로 생각하고 있어요. 그래서 반드시 매일 하길 바라지 않습니다. 사실 저 자신도 학창시절엔 집안일을 가끔씩 했거든요(웃음).

우에가이토 남편과의 가사 분담에 대해서 생각해본 적은 있었지만, 아이에 대해서는 그런 식으로 생각해본 적이 없었어요.

Emi 맞아요, 보통 그렇죠. 그런데도 제가 어른이 되어서 집안일을 할 수 있게 된 것은 매일 집안일을 도왔기 때문이 아니라 어릴 때 엄마나 할머니가 하시는 것을 보고 자랐기 때문인 것 같아요. 그래서인지 매일 하지 못해도 아이가 부모가 하는 것을 보고 기본을 알고 있다면 그것만으로도 충분하다는 생각이 들어요.

야바라 Emi 씨의 책인 《정리 교육, 지금 시작합니다》에서 '하는 방법만 알고 있다면 나중에 성인이 되어도 난처할 일이 없다'라는 내용이 마음속에 깊이 남았어요. 물론 아이가 자기 빨래를 개면 좋겠지만 그렇지 않더라도 '하는 방법을 알고 있으니까 뭐, 괜찮아'라고 생각하니 마음이 편해졌습니다.

집안일 돕기 제비뽑기(Emi).

Emi 맞아요. 예를 들어 화장실을 청소할 때도 어디부터 먼저 닦아야 깨끗하게 청소가 될까 순서를 생각하게 되잖아요. 자연스럽게 다음에 사용할 사람에 대한 배려와 일의 효율을 생각할 수 있는 힘으로 이어진다고 생각해요. 그러면 결과적으로 나중에 직업이든 생활에서든 큰 힘이 되지 않을까요? 무엇을 위해서 이것을 하는가, 왜 이 순서인가를 아이가 이해할 수 있게 가르치는 것만으로도 정말 큰 의미가 있다고 생각해요.

우에가이토 확실히 '이것 좀 꺼내줘!'라고 그냥 말하는 것보다 왜 이것을 꺼내는지 이유도 함께 전달하는 편이 아이가 행동으로 옮기기 쉬울 것 같네요.

Emi 예, 맞아요! 그 의미와 세트인 전달법은 동아리나 학교 생활에서도 절대적인 도움이 된다고 생각해요. 친구나 선생님에게 뭔가를 전달하고 싶을 때도 응용할 수 있고요. 그런 의미에서도 집안일은 정말 좋은 연습의 장이 되네요.

다이치 아이가 집안일을 돕는지 아닌지에만 시선을 두는 것이 아니라 좀 더 긴 안목으로 보면 매일 소리 소리지르지 않고도 보낼 수 있겠네요(웃음).

Q

아이 용돈은 어떻게 하고 있나요?

A

용돈을 줍니다

초등학교 3학년이 된 봄부터 용돈을 주기 시작했습니다. 매월 1일에 5,000원을 줍니다. 단, 용돈기입장 잔액과 현재 잔액이 딱 맞아야 용돈을 받을 수 있는 시스템.
또 제가 하라고 하지 않고 아이들이 스스로 용돈 기입장을 써와야 용돈을 주고 있습니다. 용돈기입장은 기성품을 복사해서 아이들의 마이 노트에 붙여줍니다.

5,000원의 사용처는, 예를 들어 반짝이가 붙어있는 1,200원짜리 귀여운 연필을 갖고 싶다면 일반적인 연필 가격인 600원은 부모가 내주지만 그 이상은 자기 용돈에서 사용합니다. 또 부모의 생일선물 등도 용돈에서 씁니다.
딸은 매월 1일에 정확하게 용돈 기입장과 지갑을 가지고 저에게 오지만 아들은 크게 흥미가 없어요. 이것도 쌍둥이의 성격이 달라서 재미있어요(웃음).

마이 노트에 용돈 기입장을 복사해서 붙였어요.

Q

아이가 7세가 되었어요
입학 전에 해두길 잘했다고
생각하는 것이 있으신가요?

A

해두길 잘 했다고 생각하는 것 3가지

입학 전이라고 크게 준비할 것은 없다고 생각해요.
하지만 우리집에서 해두길 잘 했다고 생각하는 것은 다음 3가지입니다
(가방 놓을 곳을 생각하는 것은 필수입니다)

① 학교로 출발할 시간을 주변 친구들을 통해 조사

등교에 걸리는 시간을 조사해봤더니 어린이집 시절보다 30분이나 빨리 출발해야 한다는 것을 알게 되었습니다. 그래서 조금씩 일찍 일어나는 연습을 해두었어요. 가장 잘 했다고 생각하는 일입니다.

② 화변기(쪼그려 앉아서 사용하는 변기)를 사용하는 연습

아직 화변기가 많은 초등학교. 딸은 어린이집에서 사용했기 때문에 익숙하다고만 생각했는데 어느 날 치마를 전부 아래로 내리고 이용하는 모습에 깜짝 놀랐습니다. 공원 화장실에서 몇 번 연습했습니다.

③ 공원에서 집으로 돌아오는 연습

늘 가는 공원이지만 아이들끼리만 간 적은 없었기 때문에 오고 가는 연습을 해두었습니다. 아파트 인터폰이 아이 손에 닿지 않는다는 것 등 새롭게 발견한 것들이 있었어요.

| 모두의 고민 |

Q

프린트물 정리, 어떻게 하세요?

처음엔 초등학교에서 들고 오는 프린트물이
정말 많아서 깜짝 놀랐어요.
시스템을 만들었더니 체계적인 관리가 가능해졌어요.

A

거실과 아이들 공간 사이에 서류를 한꺼번에 관리하는 '정보 스테이션'을 만들었습니다.
저와 아이들이 자주 이용하는 장소입니다. (P.16)

빨강은 딸, 파랑은 아들로
한눈에 알아볼 수 있어요.

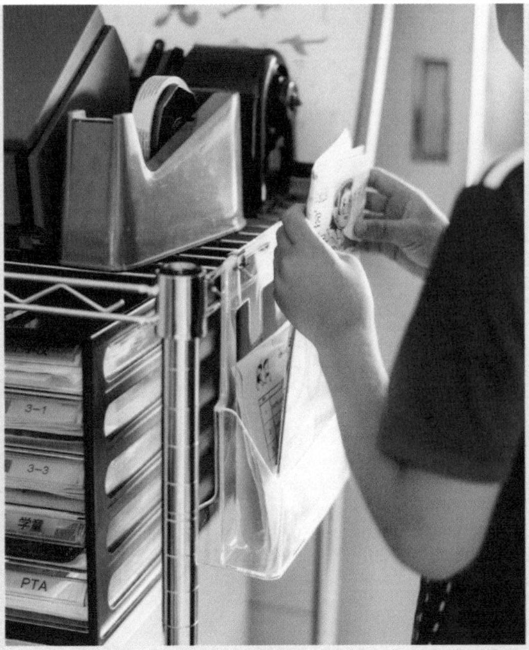

① 우편물은 정보 스테이션의 우편함에 넣어달라고 아이들에게 부탁

처음에는 우편물을 놓는 장소가 정해져 있지 않아 바닥이나 식탁 위 등, 아무데나 흩어져있었지만 정하고 나서는 모두 편해졌습니다!
또 이때, '프린트는 한꺼번에 다 읽자'라고 의욕적으로 확인해버립니다.
나중에 읽겠다고 미뤄두면 계속 하기 싫어지니까요.

② 월간 일정은 보드에 붙여둡니다

③ 나중에 또 봐야 하는 것은 스마트폰으로 촬영해 둡니다

④ 파일링하지 않고 5단 트레이에 위쪽부터 쌓아 둡니다

저는 구멍을 뚫고 파일링하는 것이 너무 귀찮습니다. 그래서 얇은 5단 트레이를 놓고 초등학교, 아들반, 딸반, 돌봄교실, 학부모회로 분류하고 관련 프린트를 넣습니다.
저절로 새로운 것이 맨 위에 놓이는 시스템.

★ 연말이 되면 전부 꺼내서 분류합니다.
아이들의 '학급 신문'은 추억이므로 p.47의 아이별 보관 상자에 넣습니다.

모두 어떻
하고 있어요

'아이들 용돈, 어떤 식으로 주고 있나요?'

아이들의 용돈에 관해서 OURHOME의 엄마 직원들에게 물어보았습니다!

엄마 직원들의
좌담회
2

Emi 초등학생이 되면 고민되는 것이 용돈 문제인 것 같은데 여러분은 용돈을 어떻게 주고 있나요?

사카이 우리집은 큰딸에게 3천 원 × 나이로 용돈을 주고 있어요.
지금은 8살이라서 매월 24,000원을 받습니다.

Emi 그 금액은 어떻게 정하신 거예요?

사카이 텔레비전에서 본 어느 대가족의 용돈 규칙을 참고했어요. 남편도 그거 괜찮네!라고(웃음) 처음에는 너무 많은 게 아닐까 하는 생각도 했지만, 알림장이나 학교에서 필요한 것도 자기 용돈에서 사는 것이 규칙이기 때문에 적당한 것 같아요.

Emi 우와, 대단하네요. 남편과 함께 규칙을 정했다는 것이 정말 좋네요.

다이치 저희 딸들은 5학년인데 특별히 용돈이라고 정해서 주진 않고 아이가 필요하다고 하면 그때그때 주고 있어요(웃음).

사토우 그렇게 해도 아이들이 괜찮다고 하나요?

다이치 글쎄요, 초등학생 때는 문구류는 부모가 사주고 장난감은 세뱃돈에서 쓴다는 규칙이 있긴 한데, 고학년이 되니 장난감을 갖고 싶다고 조르는 일도 줄었어요. 뭘 갖고 싶다고 하는 것은 축제에 갔을 때 정도로, 의외로 별로 없는 것 같아요.

Emi 그렇군요. 고학년이 되면 돈을 쓰는 방법도 변하는군요.

야바라 우리집은 용돈은 아직 안 주는데 초등학교 1학년인 큰딸에게는 '한 달 학원비를 이만큼 낸다'라고 알려주고 있어요. 부모가 일해서 번 돈이 있어 학원에도 다닐 수 있다는 것은 알아야 할 것 같아서요.

Emi 먼저 돈의 고마움을 알려주는 것도 좋네요.
우리집도 학원비는 꼭 아이를 통해 냅니다. 매월 학원비로 얼마를 내는지 알게 되는 좋은 기회라고 생각하거든요.

야마자키 올해 처음으로 7살 딸한테 세뱃돈에서 천원권 다섯 장을 주었더니 3천원을 바로 써버렸어요. 그런데 2천 원이 남으니 갑자기 안 쓰고 아끼더라고요. 돈의 가치는 아직 잘 몰라도 수가 줄어드는 것은 싫은 것 같더라고요(웃음).

사토우 7살 딸에게 욕조 청소와 밥을 식탁에 갖다 놓는 일을 도우면 한 번에 100원을 줍니다. '고생했어요. 자, 일한 비용입니다'라고 말하면서 줍니다. 저희 아이도 아직 돈의 가치는 잘 모르지만, 돈이란 건 어떻게 해야 벌 수 있는지를 알려주고 싶어서요.

Emi 그것도 좋은 방법이네요! 그런데 모두들, 세뱃돈은 어떻게 하고 있나요?

니시구치 중1과 초3인 아이들에게 연초에 세뱃돈에서 15만 원씩 주고 1년 동안 쓰라고 했더니 첫 달에 전부 다 써 버렸지 뭐예요! 아이들도 크게 후회했어요(웃음). 하지만 그 다음 해부터는 자기들 나름대로 계획을 짜서 제대로 쓰고 있는 것 같아요.

Emi 그랬군요!(웃음) 하지만 실패에서 중요한 것을 배웠네요!
용돈을 주길 잘했다고 생각한 일이 있나요?

후지이 초등학교 3학년인 큰딸이 친구가 가지고 있는 반짝반짝 연필을 갖고 싶다고 해서 제가 용돈으로 사라고 했어요. 그랬더니 잠시 생각하더니 결국 사지 않더라고요. 자기 돈을 의식하고 욕구를 한 템포 멈출 수 있게 된 것을 보고 용돈을 주길 잘했다고 생각했어요.

Emi 맞아요! 우리집은 문구류는 부모가 사주지만 한 자루에 1천 원인 반짝반짝 연필 같은 경우, 600원은 부모가, 400원은 본인이 내고 있어요. 그랬더니 딸은 자기 돈에서 내야 한다면… 하고 생각하더니 반짝반짝 연필은 한 자루만 사고 나머지는 한 자루에 600원짜리 일반 연필을 사더라고요. 아이 나름대로 생각하는 힘이 생겼구나 싶어서 감탄했답니다. 그리고 아빠 생일 선물을 자기 용돈에서 사고 싶다고 할 때 참 기쁘고 기특했어요. 용돈을 주길 잘했다고 생각했답니다.

우에가이토 우리집은 큰아들이 초등학교 1학년이지만 용돈에 대해서 아무 생각도 없었어요(웃음). 오늘 집에 가면 가족들과 용돈에 대해서 이야기를 진지하게 나눠 봐야겠어요!

COLUMN 5

여행에서 얻을 수 있는 깨달음

급하게 1박 2일의 여행을 가게 된 어느 날. 숙박 장소는 오래된 전통 가옥을 개조한 정말 멋진 호텔이었습니다.

새로운 장소에 가면 아이들은 흥미진진하게 공간을 탐색합니다. 방 안에 있는 계단을 올라갔다 내려갔다 하며 신이 났습니다.

여행을 갈 때는 자신의 깨달은 것을 메모하는 '마이 노트'를 가족마다 한 권씩 반드시 들고 갑니다. 그런데 아이들의 노트에 이런 것이 쓰여 있었어요.

'호텔의 특징. 호텔 방에는 시계가 없다. 엄마에게 왜 그런 거냐고 여쭤봤더니 천천히 쉬기 위해서라고 말씀해주셨다'

어머나, 그런 것을 메모하는구나. 아이들의 호기심은 부모의 상상을 넘어서 재미있는 것을 찾아내는구나. 평소와 다른 장소에 가면 부모도 아이도 새로운 깨달음을 얻게 됩니다.

끝으로

어머! 책가방을 수납할 때 그렇게 신경을 쓰고 있었구나!
어머! 붓만 빤 게 아니라 벼루도 매번 닦았니? 대단하다!

이 책을 쓰면서 아이들에게 많은 질문을 했습니다.
그러면서 제가 몰랐던 아이들의 속마음을 알게 되었어요.

태어나서 얼마 동안은
나를 따라 아기 눈이 움직이고 있어!
장난감을 손으로 쥐게 되었어!
드디어 뒤집기를 했어!
이런 작은 일로도 기뻐했었는데
성장과 함께 아이의 작은 변화를 제대로 알아채지 못하고 있었습니다.

아이는 우리 부모가 생각했던 것 이상으로
많은 것을 학교에서 배우고 친구에게 배우면서
성장해가고 있었습니다.

저도 모르게 아이들이 못하는 것 위주로 생각할 때도 있지만
가능하면 잘하고 있는 것을 칭찬해주고 싶습니다.
분명히 1년 전보다는 훨씬 더 성장했을 테니까요.

첫 책인 '육아 수납 인테리어'가 나왔을 때
5살이었던 쌍둥이가
벌써 10살이 되었습니다.
처음에는 각각 '자신의 생각'이 싹트는 중인
초등학교 3학년 아이들의 리얼한 생활을
책으로 만드는 것에 대해 망설였었어요.

"아이들의 정리 정돈과 생활 습관 때문에 힘들어하는 엄마들이나
고민하는 가족들에게 너희 이야기를 들려주면서 방법을 알려주고 싶어.
하지만 엄마는 너희 둘의 생각이 제일 중요하다고 생각하거든.
너희 진짜 마음은 어때?"

"음, 조금 창피한데. 하지만 좋아요!"

12번째 책이 드디어 완성되어
독자 여러분을 만나게 된 것을 기쁘게 생각합니다.
이 책을 만드는 데 도움을 주신 여러분 그리고 우리 가족들에게
감사의 마음을 전합니다.

엄마와 아이가 함께 편해지는

우리 아이 정리교육법

1판 1쇄 인쇄 2020년 6월 5일
1판 1쇄 발행 2020년 6월 10일

지은이 Emi
옮긴이 김수정
펴낸이 정원정, 김자영
편집 홍현숙
디자인 이유진
마케팅 소요프로젝트

펴낸곳 즐거운상상
주소 서울시 중구 충무로 13 엘크루메트로시티 1811호
전화 02-706-9452
팩스 02-706-9458
전자우편 happydreampub@naver.com
페이스북 @happydreampub
출판등록 2001년 5월 7일
인쇄 천일문화사

ISBN 979-11-5536-148-1 (13590)

* 잘못 만들어진 책은 서점에서 교환하여 드립니다.
* 책값은 뒤표지에 있습니다.
* 전자책으로 출간되었습니다.

SHOGAKUSEINO OKATAZUKE IKU by Emi